Bonsai

aus heimischen Bäumen selbst gezogen

KOSMOS

Horst Stahl • Helmut Rüger

Bonsai

aus heimischen Bäumen selbst gezogen

KOSMOS

Inhalt

Allgemeines

Asiatische Kunst kommt nach Europa

Bonsai haben ihren Ursprung im alten China. Dort wurden vor etwa 2 000 Jahren zum ersten Mal kleine Landschaften auf zum Teil großen Tabletts gestaltet. Mit der Bewegung des Zen-Buddhismus kamen die ersten in Schalen gepflanzten kleinen Bäume nach Japan. Zunächst wurden die kleinen Bäume von Adligen als Freizeitbeschäftigung geformt. Im Laufe der Jahrhunderte wurde die Gestaltung von Bonsai immer populärer und erreichte kurz vor dem Ersten Weltkrieg einen ersten Höhepunkt. Direkt nach dem Zweiten Weltkrieg erregten die ersten Bonsai auch das Interesse der Menschen in Europa. Seither widmen sich immer mehr Menschen in Europa der Kunst der Bonsai-Gestaltung.

Die japanischen Begriffe „bon“ für Baum oder Pflanze und „sai“ für Gefäß oder Schale werden gemeinsam als „Bonsai“ gelesen. Mittlerweile ist dieser Begriff auch in unserem Kulturkreis ein allgemein verstandener Ausdruck für die kleinen Bäume in den Schalen. Es ist aber nicht nur der kleine Baum, der einen Bonsai ausmacht. Erst seine Verschmelzung mit der ihm angemessenen Schale lässt das Gesamtkunstwerk entstehen. Passen Form, Farbe und Größe der Schale nicht zu der Baumart oder der Gestaltungsform des Baums, entsteht ein unharmonisches Gesamtbild. Die Schale bildet quasi den „Rahmen“ für das „Bild“ des lebenden Miniaturbaums. Ein unpassender Rahmen kann den Eindruck des Bildes nachhaltig negativ beeinflussen.

Die erste schriftliche Erwähnung des Begriffs „Bonsai“ finden wir bei dem Dichter Tao Yuang-ming (365 bis 427 n. Chr.). Tatsächlich lassen sich Bonsai zum ersten Mal in dem Grabmal des Prinzen Chang Huai aus dem Jahr 706 n. Chr. auf einer Wandmalerei nachweisen.

Traditionell hatte China auf die kulturelle Entwicklung in Japan einen bedeutenden Einfluss. Um das Jahr 600 n. Chr. brachten ganz offensichtlich wandernde buddhistische Mönche die ersten Bonsai von China nach Japan. In der kulturell sehr aufgeschlossenen aristokratischen Gesellschaft der Kaiserstadt Kyoto beschäftigten sich bald adlige Damen und Herren mit den kleinen Bäumen.

In China wurden die für die dortigen Landschaften charakteristischen Wuchsformen der Bäume nachgestaltet, aber auch bizarre, symbolhafte Formen wie Drachengestalten. Dagegen orientierten sich die Japaner strenger an den Vorbildern in der Natur. Genaue Naturbetrachtung und Verinnerlichung der gesehenen Formen gaben die Inspiration für die Bonsai-Gestaltungen. In der langen vollkommenen Abgeschlossenheit Japans bis zum Ende des 19. Jahrhunderts erlangte die Bonsai-Kunst ihre höchste Vollendung. In ihr spiegelt sich ein typischer Wesenszug der japanischen Kultur wider: die Suche nach Perfektion und Schönheit in der schlichten Einfachheit. Um das zu erreichen, muss Geduld aufgebracht werden.

Die Bonsai-Geschichte kurz gefasst

Der Ursprung der Gestaltung kleiner Bäume und ganzer Landschaften in Schalen oder auf Tabletts liegt in China. In der mythischen Überlieferung soll während der Han-Dynastie (206 v. Chr. bis 220 n. Chr.) ein Zauberer namens Jiang-feng die Fähigkeit besessen haben, ganze Landschaften mit Gebirgen, Bäumen, Flüssen, Häusern, Tieren und Menschen verkleinert auf ein Tablett zu zaubern.

Ein guter Bonsai braucht Zeit

So muss man auch dem Bonsai Zeit lassen, sich zu einem perfekten Kunstwerk zu entwickeln. Grundsätzlich braucht ein Bonsai-Gestalter viele Jahre, um aus einem einfachen Baum einen wirklich guten Bonsai zu formen.

Relativ schnell hat man einem jungen Baum die grundsätzliche Form gegeben. Aber die Arbeit bis ins feinste Detail erfordert viel Einfühlungsvermögen in die Lebensvorgänge des Baumes und das ihm innewohnende Gestaltungspotenzial. Im Laufe der Zeit haben sich bestimmte in der Natur vorkommende Baumgestalten als beispielhaft herausgestellt, die sogenannten Grundstilarten. Die Grundstilarten der Bonsai-Gestaltung sind aber nicht als dogmatische Vorschriften im Sinne von richtig und falsch zu verstehen, sondern sie stellen Empfehlungen dar. Erst wenn man die Fähigkeit entwickelt hat, das dem Baum innewohnende gestalterische Potenzial zu erkennen und formgebend umzusetzen, kann man gute Bonsai gestalten.

Bonsai in Europa

Mit der Öffnung Japans für den Rest der Welt kamen Bonsai dann auch nach Europa. So konnte man sie anlässlich der Weltausstellung in Paris (1878) im japanischen Pavillon zum ersten Mal außerhalb Japans bewundern.

Erst nach dem Zweiten Weltkrieg fanden Bonsai in Europa größere Verbreitung. Die in vielen Ländern von Bonsai-Enthusiasten gegründeten Clubs machten durch ihre unermüdliche Arbeit Bonsai in breiteren Bevölkerungskreisen populär – vor allem auch durch die Gestaltung heimischer Bäume.

Diese europäische Hainbuche ist in der Floßform gestaltet. Hierbei entspringen alle neuen Stämme aus dem zur verbindenden Wurzel umfunktionierten Stamm.

Auch die Natur gestaltet Bäume

Der Winter ist durch seine extremen Wetterlagen ein wichtiger „Baumgestalter".

Als Bonsai-Freund geht man mit offenen Augen durch die Natur. Bäume an ihren natürlichen Standorten sind unsere Gestaltungsvorbilder.

In der Erbmasse einer jeden Baumart ist zwar die grundsätzliche Form festgeschrieben, sie lässt aber je nach Wachstumsbedingungen auch eine gewisse Variationsbreite zu. Angepasst an Standort und klimatische Gegebenheiten erlangt der jeweilige Baum seine individuelle Gestalt.

So sieht beispielsweise eine Buche im freien Stand ganz anders aus als eine Buche in einem geschlossenen Wald. Während die frei wachsende Buche bis fast zum Stammansatz hinab beastet ist, trägt die Buche im Wald auf einem weitgehend kahlen Stamm eine nur mäßig ausladende Krone.

Um Gestaltungsvorbilder für die Bonsai-Erziehung zu finden, muss man sich neben den Bäumen in der Ebene auch Bäume an Extremstandorten, wie dem Hochgebirge oder in windexponierter Lage, anschauen. So findet man richtige Baumindividuen mit dramatischer Gesamtaussage, wie etwa einen Baum an einer Steilklippe, der vor Jahren durch einen Erdrutsch aus seinem Gleichgewicht gebracht wurde und nun mit in den Fels gekrallten Wurzeln um sein Überleben kämpft. Den Kampf mit den Naturgewalten versuchen auch Bäume zu bestehen, an deren Standort der kräftige Wind beständig aus einer Richtung kommt. Der Stamm und alle Äste werden in die windabgewandte Richtung gedrückt. Bei seinen Betrachtungsstudien entwickelt man ein Gespür für die Gestaltungsmöglichkeiten, die eine bestimmte Baumart in sich trägt. Niemals sollte man versuchen, einen Baum gegen seine Natur zu formen. Es ist kein Zeichen gestalterischer Virtuosität, versucht man mit Gewalt einen Baum in eine bestimmte Form zu bringen, die gar nicht seiner Art entspricht. Schlimmstenfalls stirbt der Baum. Im Zweifelsfall sollte der aufmerksame Bonsai-Freund der vorsichtigen und umsichtigen Gestaltung den Vorzug geben.

Die Suche nach dem „Roh-Bonsai"

Für die Bonsai-Gestaltung geeignete Bäume findet man in Gartencentern, in der freien Natur oder im eigenen Garten. Man schaut hierbei nach Bäumen, die bereits eine gewisse Stammdicke (mindestens 3 bis 4 cm) aufweisen. Der Stamm sollte sich harmonisch von unten nach oben verjüngen oder sich auf die gewünschte Höhe einkürzen lassen. Sinnvollerweise kürzt man den Stamm oberhalb eines Astes ein, der zur Weiterführung des Stamms in der Lage ist. Zusätzlich sollte der Bonsai-Kandidat möglichst viele Äste und Zweige haben. So werden die gestalterischen Möglichkeiten nicht von vornherein begrenzt.

Diese Lärche mit der leuchtenden Herbstfärbung wurde in der Natur gefunden.

Das Sammeln von „Roh-Bonsai" in der Natur

Neben den Gartencentern und Baumschulen findet man häufig „Roh-Bonsai" in der freien Natur. Will man solche Bäume in der freien Natur sammeln, sind einige wichtige Hinweise zu beachten:

1. *Bäume dürfen nur mit Genehmigung des Grundstücksbesitzers ausgegraben werden. Für staatliche Wälder erhält man eine Ausgrabegenehmigung vom jeweiligen Revierförster.*
2. *Planen Sie, wenn möglich, für das Ausgraben zwei Jahre ein (siehe Punkt 4 und 5). Als Zeitraum für die Ausgrabeaktion sollte das zeitige Frühjahr oder der Spätherbst gewählt werden.*
3. *Als Werkzeuge benötigen Sie einen scharfen Spaten, eine stabile Gartenschere, Plastikfolie, einen Wasserbehälter und Packband.*
4. *Im ersten Jahr wird der Wurzelballen mit dem scharfen Spaten grob umstochen. Nun hat der Baum eine Wachstumsperiode lang Zeit einen kompakteren Wurzelballen auszubilden.*
5. *Im darauf folgenden Jahr wird der Baum ausgegraben. Achten Sie darauf, dass möglichst viel Erde im Wurzelballen verbleibt. Nun wird der Ballen mit der stabilen Plastikfolie gegen Austrocknen geschützt. Eventuell muss der Ballen gewässert werden. Mit dem Packband wird der Ballen zusätzlich gesichert.*
6. *Zu Hause kommt der Baum in einen ausreichend großen Blumentopf oder in eine große Holzkiste mit Wasserabzugslöchern. Auf keinen Fall wird der Baum jetzt schon in eine Bonsai-Schale gepflanzt. Zwar kann man den Baum bereits grob gestalten, aber noch nicht drahten. Erst wenn der Baum sich einige Jahre erholt und weiterentwickelt hat, wird er zum Bonsai gestaltet.*

Vom inneren Leben der Bäume

Bonsai bedeutet nicht nur eine Pflanze zu gestalten, sondern sie auch über viele Jahrzehnte richtig zu pflegen. Hierbei sind gute Kenntnisse der Pflanzenbiologie sehr hilfreich.
Grundsätzlich sind alle Bäume und Sträucher mehr oder weniger gut zur Bonsai-Gestaltung geeignet. Vielfach wird dabei aber vergessen, dass nicht nur die oberirdischen Pflanzenteile, sondern auch die unterirdischen von immenser Bedeutung sind. Eine noch so virtuos durchgeführte Gestaltung ist zum Scheitern verurteilt, wenn die Lebensbedürfnisse der Pflanze missachtet werden.
Soll die Gestaltung über Jahrzehnte hinweg erfolgreich sein, muss man den Aufbau der Pflanze verstehen und entsprechend agieren. So kann man den Zeitraum für wichtige Arbeiten, wie den Wurzelschnitt, das Umtopfen, den Gestaltungsschnitt und das Drahten, erkennen und entsprechend der Biologie der Pflanze durchführen.
Wird beispielsweise der Zeitraum für den Wurzelschnitt falsch gewählt, so entfernt man unter Umständen wichtige Speicherstoffe und schwächt so den Bonsai unnötig. Dies führt letztendlich dazu, dass die weitere Entwicklung des Bonsai zumindest verzögert wird.

Ein wenig Botanik

Bäume und Sträucher gehören botanisch zu den verholzenden Sprosspflanzen. Jede Sprosspflanze glie-

Ein Baum im freien Stand entwickelt eine viel ausladendere Krone und tiefer ansetzende Äste als ein Baum derselben Baumart, der mitten in einem Wald steht.

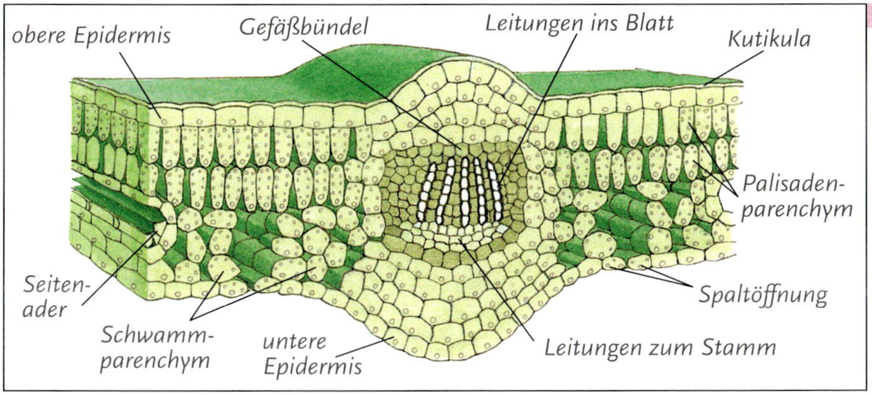

Die Schnittzeichnung zeigt die unterschiedlichen Gewebearten innerhalb eines Laubblattes.

dert sich in drei Bereiche: die Wurzeln, den Stamm beziehungsweise Spross und die Äste beziehungsweise Zweige mit den Blättern.

Eine Pflanze ist nur so lange wachstumsfähig, wie sich diese drei Baumteile in einem ausgewogenen Gleichgewicht zueinander befinden. Grundsätzlich stellt eine Pflanze ihr oberirdisches Wachstum ein, wenn die Wurzeln keinen Raum mehr für neues Wachstum vorfinden. Deshalb sorgen wir mit dem Wurzelschnitt und dem Umtopfen für neuen Wurzelraum. Diese Aktion ist aber nur dann erfolgreich, wenn wir durch Beschneiden der oberirdischen Pflanzenteile wieder für das notwendige Gleichgewicht sorgen. Geschieht das nicht, kann der reduzierte Wurzelballen unter Umständen die Blätter nicht mehr ausreichend versorgen und einige für die Gestaltung wichtige Baumteile sterben ab.

Alle Tiere und Pflanzen bestehen aus Zellen. Unabhängig von der Größe eines Organismus sind die meisten Zellen so klein, dass sie mit bloßem Auge nicht sichtbar sind. Die meisten Pflanzenzellen besitzen eine mehrschichtige Wand aus dem Zucker Zellulose. Die Wand gibt der Zelle ihre Form und umschließt mit der Zellmembran das Zellplasma und den darin befindlichen Zellkern, der die chemisch verschlüsselte Erbinformation (DNS) enthält. Das Zellplasma stellt mit seinem Inhalt, das sind Eiweiße, Kohlenhydrate, Wasser, Nährsalze und winzige Zellorgane, eine Art chemische Fabrik dar.

Bei holzigen Pflanzenteilen, wie dem Stamm sowie den Ästen und Zweigen von Bäumen oder Sträuchern, werden die Zellwände durch Einlagerung des Holzstoffs Lignin besonders gefestigt. Das Lignin ist mit seiner stabilisierenden Wirkung dafür verantwortlich, dass sich Bäume ohne ein zusätzliches Skelett weit in den Luftraum hinein ausdehnen können.

Der Aufbau der Bäume und Sträucher

Bäume und Sträucher unterscheiden sich deutlich in ihrem Wachstumsmuster. Während Bäume ein ausgesprochenes Spitzenwachstum haben, wachsen Sträucher eher basisbetont. Die Spitzenknospen von Bäumen bilden immer besonders viele Wachstumshormone. Diese fördern ihren Austrieb, während sie gleichzeitig das Wachstum nachgeordneter Knospen unterdrücken. Das führt dazu, dass der Baum in erster Linie in die Höhe wächst. Bei der den Baum miniaturisierenden Bonsai-Gestaltung muss daher vor allem das Wachstum der Spitzenknospen gezügelt werden. Gleichzeitig fördert ein Rückschnitt solcher Triebe das Wachstum nachgeordneter Knospen.

Bei Sträuchern hingegen finden wir am Wurzelansatz besonders viele Wachstumshormone, was zum Wachstum immer neuer Triebe an der Basis führt. Entsprechend muss man, will man in der Bonsai-Gestaltung einer Strauchart Baumcharakter geben, sich neu bildende Basistriebe sehr früh entfernen, damit die Stammbildung gefördert wird.

Bau und Funktion der wichtigsten Pflanzenteile

Die Wurzeln versorgen die oberirdischen Pflanzenteile mit Wasser und Nährsalzen, sie dienen aber auch der Verankerung im Boden. Bei großen Bäumen kann die Gesamtlänge des weit verzweigten Wurzelsystems mehrere Kilometer betragen. Im Innern aller Wurzeln verlaufen Adern, die Wasser und Nährsalze zum Stamm hin transportieren.

Im Stamm liegen diese Adern in den äußeren Holzjahresringen. Der Stammfuß ist der Bereich, in dem die Adern ihren Verlauf von innen nach außen wechseln. Das Wachstum der Wurzeln geht nur von den Wurzelspitzen aus. Kurz hinter der Wurzelspitze liegt der Bereich der Wurzelhaare, der für die Wasser- und Nährsalzaufnahme sorgt. Schon wenige Zentimeter näher zum Stamm hin verholzen die äußeren Wurzelschichten und können kein Wasser mehr aufnehmen, im Gegenteil, sie schützen diesen Wurzelbereich sogar gegen Wasserverlust.

Werden bei einem Wurzelschnitt die Wurzelspitzen entfernt, bilden sich an den älteren Wurzelbereichen neue Wurzelspitzen. Dieser Vorgang dauert einige Tage, weshalb ein Bonsai nach einem Wurzelschnitt für etwa zwei Wochen in den Halbschatten gestellt werden muss, da ohne intakte Wurzelspitzen, wenn überhaupt, nur wenig Wasser aufgenommen werden kann.

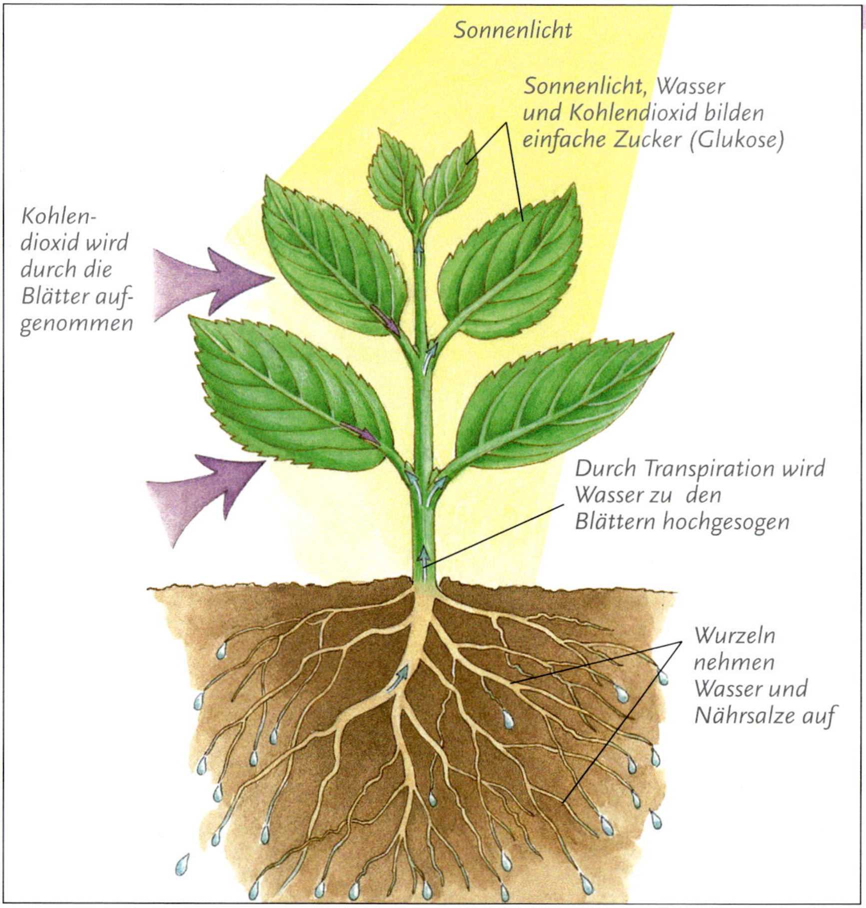

Für das Leben einer Pflanze ist das gut abgestimmte Zusammenspiel der unterirdischen und oberirdischen Pflanzenorgane unverzichtbar.

Ein Wald stellt eine vielgestaltige Lebensgemeinschaft dar.

Stamm, Äste und Zweige bestehen in ihrem Innern aus abgestorbenen Holzjahresringen. Außen auf dem äußersten Holzjahresring liegt der einzige lebenslänglich teilungsfähige Stammteil, das sogenannte Kambium. Im Frühjahr stellt das Kambium nach innen neue Holzzellen her. Durch Verschmelzung übereinander liegender Holzzellen entstehen die Leitungsbahnen für den Wasser- und Nährsalztransport. Nach außen hin bildet das Kambium neue Rindenzellen. Die inneren Rindenzellschichten bilden ebenfalls Röhren aus, die aber dem Transport von Fotosyntheseprodukten von den Blättern zu den Wurzeln dienen.

Die Außenschicht der Rinde, die Borke, entsteht durch Verkorken älterer Rindenzellschichten. Bei manchen Arten trocknet die Korkschicht aus und wird in regelmäßigen Abständen abgeworfen, wodurch die Rinde des Baums glatt bleibt. Bei vielen Arten stirbt der Kork zwar ab, wird aber nicht abgestoßen. In solchen Fällen nimmt die Borke das vertraute schuppige Aussehen an. Die Borke schützt vor Wasserverlust und vor dem Eindringen von Holz zerstörenden Organismen.

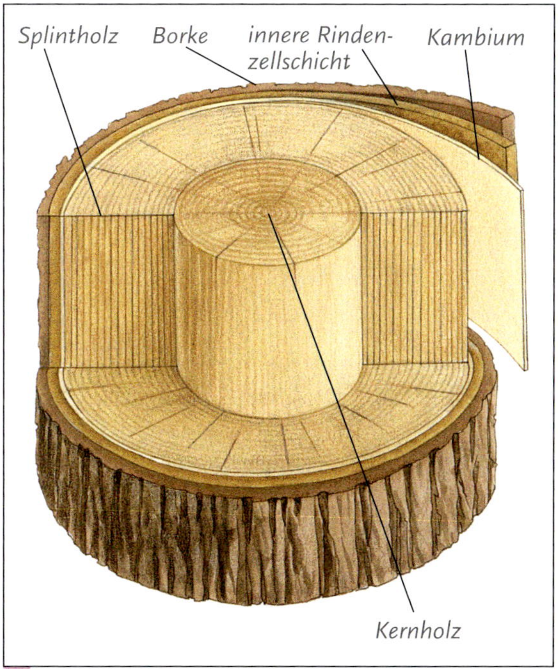

Die Schnittdarstellung zeigt die verschiedenen Bauelemente eines Baumstammes.

Die Blätter schließlich sind die Nahrungs- und Baustofferzeuger der Pflanzen. Sie sind durch den Blattstiel mit den Zweigen verbunden. In der Blattfläche setzt er sich als Mittelrippe fort und verzweigt sich bei Laubblättern netzartig.
Die das Blatt aufbauenden Zellschichten (siehe auch Seite 11) haben verschiedene Aufgaben. Die äußerste Zellschicht ist die Epidermis. Sie gibt dem Blatt Form und Festigkeit. Vielfach ist eine Wasser undurchlässige Wachsschicht, die Kutikula, aufgelagert. In der Epidermis der Blattunterseite finden wir zahlreiche verschließbare Öffnungen, die Spaltöffnungen. Durch sie kommt Kohlendioxid in das Blatt hinein und Sauerstoff aus dem Blatt heraus. Zusätzlich halten sie durch Wasserverdunstung den Wasserstrom in Gang und sorgen gleichzeitig für eine Abkühlung der Blattinnentemperatur. Unter der oberen Epidermis liegt das Palisadengewebe. Hier ist der Hauptort der Fotosynthese. Die im Zellplasma schwimmenden Blattgrünkörner stellen mit Hilfe von eingefangener Lichtenergie aus Wasser und Kohlendioxid Traubenzucker (Glukose) und als Abfallprodukt Sauerstoff her. Der Traubenzucker ist einerseits Energiespeicher und andererseits Ausgangsstoff für den Speicherstoff Stärke und die Baustoffe Zellulose und Lignin. Die Zellen des darunter liegenden Schwammgewebes sind lockerer angeordnet und stellen etwa ein Fünftel der Fotosyntheseprodukte her. Vor dem Laubabwurf im Herbst holt sich die Pflanze die noch vorhandenen Nahrungsreserven, aber auch das Blattgrün, aus den Blättern zurück. Dadurch werden die sonstigen im Blatt befindlichen Farbstoffe sichtbar, was die Blätter rötlich oder gelblich verfärbt. Die Baustoffe für das Blattgrün werden in den Ästen, dem Stamm und den Wurzeln gespeichert.

Der Stärkespeicher

Je nach Jahreszeit findet man in den verschiedenen Baumorganen eine unterschiedliche Konzentration an eingelagerter Stärke. Im Winter ist die Konzentration an Stärke besonders hoch in den Wurzeln und in den inneren Holzbereichen. Die Stärke benötigt der Baum für den Austrieb im Frühjahr. Werden bei einem Wurzelschnitt im Winter erhebliche Wurzelteile zurückgeschnitten, verliert der Bonsai viele Speicherstoffe. Bei einem Wurzelschnitt kurz vor dem Austrieb, wenn die Knospen anzuschwellen beginnen, ist der Verlust erheblich geringer. Deshalb sollte der Wurzelschnitt immer zu dieser Zeit stattfinden.

Je nach Jahreszeit kann die Stärkekonzentration in den einzelnen Baumteilen stark variieren (je dunkler der Braunton, umso höher die Stärkekonzentration).

Gestaltungen

Baumcharaktere in Miniatur

Eine Muschel-Zypresse (Chamaecyparis obtusa) *in streng aufrechter Form und mit perfekt gestalteter Krone.*

Die Formen, die wir den Bonsai geben, orientieren sich an den Gestalten, die wir in der freien Natur vorfinden. In Japan haben sich so im Laufe der Jahrhunderte die Grundstilarten entwickelt, die wir in Europa als sinnvolle Gestaltungsanregungen übernommen haben. Jede Baumart besitzt eine gewisse Variabilität in ihrer Gestalt. Je nachdem, unter welchen Bedingungen ein Baum wächst, erreicht er seine maximal mögliche Größe oder wächst nur zu einem miniaturisierten Vertreter seiner Art heran. Auch die Blattgröße ist innerhalb gewisser Grenzen durch geeignete Pflegemaßnahmen beeinflussbar. Die Größe von Früchten oder Blüten ist hingegen nicht reduzierbar. Gestaltet man beispielsweise einen Apfel der Sorte 'Boskoop' zum Bonsai, bekommt man auch an dem kleinen Baum im Verhältnis riesige Früchte.

Profi Tipp von mein schöner Garten

Alternativ zum Drahten kann man die Äste eines Baums auch durch Spanndrähte herabbiegen. Dazu legt man vertikal um die Schale Befestigungsdrähte, an denen die Spanndrähte befestigt werden.

Der Standort bestimmt die Erscheinung

Die Gesamterscheinung des jeweiligen Baums hängt stark von den Standortfaktoren ab. So ist eine Buche im freien Stand weit ausladend und hat Äste bis weit am Stamm hinab, während dieselbe Buche in einem Wald schlank in die Höhe wächst und nur eine mäßig ausladende Krone hat. Steht dieselbe Buche aber auf einer Viehweide, werden ihre Äste von den Rindern immer wieder abgefressen und sie bleibt deshalb klein. Die Gestaltung zu einem Bonsai ist also keine Vergewaltigung des Baums, sondern das Nachvollziehen von natürlichen Vorgängen durch den Menschen. Vielfach erreichen die Bäume als Bonsai gepflegt sogar ein höheres Alter. So gibt es in der berühmten Sammlung des japanischen Kaisers Bonsai, die nachweislich 800 Jahre alt sind. In unserer Obhut lassen wir den Bäumen eine optimale Pflege angedeihen, was ihre Lebensspanne deutlich verlängern kann.

Der Schnitt begrenzt das Wachstum

Im Wesentlichen bestimmt der regelmäßige Beschnitt der Zweige und Äste die Größe des Bonsai. Hierdurch wird die Blattmasse und damit die Fotosyntheserate begrenzt, was wiederum zu einem verringerten Wachstum führt. Weder der Draht noch der Wurzelschnitt haben also einen nennenswerten Einfluss auf die Größe des Bonsai.

Drahten imitiert natürliche Vorgänge

Die meisten Baumarten versuchen in ihrer Jugend im Konkurrenzkampf um das lebensnotwendige Licht möglichst schnell in die Höhe zu wachsen. Entsprechend sind viele Äste und Zweige in einem eher spitzen Winkel nach oben gerichtet. Hat der Baum annähernd seine angestrebte Höhe erreicht, beginnt er, sich stärker zu verzweigen, und die Äste werden durch ihr Eigengewicht in einen mehr oder weniger stumpfen Winkel umgelenkt. Die Krone wird flacher und es bilden sich Astetagen aus.

Gerade im Hochgebirge findet man viele bizarr geformte Bäume.

Mit den ausgeprägten Totholzbereichen imitiert der Gestalter ein hohes Alter des Baumes.

Mit dem Anlegen des Drahts verlegen wir diesen natürlichen Prozess in jüngere Jahre des Baums. Spätestens wenn der eingedrahtete Baumteil seine neue Form von selbst behält, wird der Draht entfernt. Manchmal muss der Draht frühzeitiger entfernt werden, weil er einzudrücken beginnt. Ist die beabsichtigte Formkorrektur noch nicht stabil genug, muss der Baumteil entsprechend neu eingedrahtet werden.
Durch das Dickenwachstum dehnt sich der Baumteil langsam auf den Draht zu aus. Erhält das unter der Rinde liegende Kambium einen Druckreiz durch den Draht, reagiert es mit verstärktem Dickenwachstum. Falls der Draht nicht entfernt wird, versucht er den Draht zu überwallen. Der so entstehende Wulst entspricht sicherlich nicht dem Aussehen eines natürlichen Baums. Entsprechend wird der Draht grundsätzlich immer irgendwann entfernt. Der Draht an einem Bonsai ist also kein Gestaltungsmerkmal, sondern lediglich ein Gestaltungsmittel.

Grundstilarten

Die frei aufrechte Form

Bei dieser am häufigsten gestalteten Grundstilart weist der Stamm sanfte Biegungen auf, die von unten nach oben immer weniger ausladend werden. Die Stammbiegungen gehen hier nicht nur zu den beiden Seiten, sondern auch nach vorn und hinten, also in alle horizontalen Raumrichtungen.

Über dem gut sichtbaren Stammfuß liegt die Krone im Lot, neigt sich aber ganz leicht nach vorn. Dadurch öffnet sich der Baum freundlich dem Betrachter. An den Außenseiten der Stammbiegungen entspringen die dickeren Äste, nehmen die Stammbewegungen auf und führen sie in horizontaler Richtung fort.

Der unterste Ast oder Hauptast ist der dickste und längste und zeigt zu einer der beiden Seiten. Der zweite Ast liegt etwas höher an der zweiten Stammbiegung, er ist etwas kürzer und zeigt leicht nach hinten versetzt zur anderen Seite. Der dritte Ast zeigt nach hinten und gibt von vorn noch leicht sichtbar der Gestaltung Tiefe.

In diesem Dreierrhythmus gehen wir bis zur Spitze des Baums, der Krone. Die Spitzen des untersten Astes, des zweiten Astes und der Krone bilden die Eckpunkte eines ungleichschenkligen Dreiecks und legen damit die Silhouette des Baums fest.

Bei der frei aufrechten Form entspringen die Äste an den Außenseiten der Stammbiegungen und verzweigen sich dann immer feiner.

Die streng aufrechte Form hat einen bis zur Baumspitze geraden Stamm.

Als Schalen kommen flache ovale oder rechteckige Formen in Frage. Die Breite der Schale sollte zwei Drittel der Baumhöhe entsprechen. Dem Durchmesser des Stamms an der dicksten Stelle entspricht die Höhe des Schalenrands. Die Stellung des Baums in der Schale liegt kurz hinter der Schalenmittellinie und zwei Drittel von einem Schalenrand entfernt.

Die streng aufrechte Form

Ein bis zur Baumspitze vollkommen gerader Stamm entwickelt sich bei dieser Grundstilart aus einem sternförmig angeordneten Wurzelhals. Wie bei der frei aufrechten Form verjüngt sich der Stamm gleichmäßig vom Wurzelansatz bis zur Spitze.

Nach dem astfreien unteren Stammdrittel kommt der unterste Ast, der Hauptast. Er zeigt zu einer der beiden Stammseiten. Die anderen Äste folgen dem Muster der frei aufrechten Form.

Während der auf weiter Strecke gut sichtbare Stamm ganz gerade ist, sind bei den Ästen leichte, aber markante Biegungen erlaubt. Von unten nach oben werden die Äste dünner, kürzer und weniger verzweigt. Wieder bildet ein ungleichschenkliges Dreieck aus Hauptast, zweitem Ast und Baumspitze die Baumsilhouette. Für die Schalenauswahl gelten dieselben Kriterien wie bei der frei aufrechten Form.

Diese frisch gestaltete Kiefer in frei aufrechter Form hat einen sehr schönen Stammansatz. Die Laubpolster des Baums werden in den nächsten Jahren weiter aufgebaut.

Diese Eibe stellt die Merkmale der gelehnten Form perfekt dar. Besonders gut gelungen ist das Zusammenspiel von Fülle und Leere.

Die gelehnte Form

Bei dieser Grundstilart neigt sich der ganze Baum zu einer der beiden Seiten. Während die Wurzeln des Stammfußes auf der neigungsabgewandten Seite gestreckt sind, sind die Wurzeln auf der gegenüberliegenden Seite gestaucht.

Der Hauptast entspringt nach dem unteren astfreien Stammdrittel auf der neigungsabgewandten Seite und führt möglichst parallel zum Stamm nach unten.

Bei der gelehnten Form werden die Äst so angeordnet, dass wieder Gleichgewicht herrscht.

Die Äste der Stammneigungsseite sind kürzer und versuchen die Neigung des Stamms auszubalancieren. Die längeren Äste der anderen Seite bilden das Gegengewicht. Der Stamm kann leichte Biegungen aufweisen oder auch ganz gerade sein.

Als Schalen eignen sich flache ovale oder rechteckige Formen. Die Proportionen der Schale werden wie bei der frei aufrechten Form gewählt.

Die Kaskade

Durch einen Erdrutsch im Hochgebirge oder an einer Steilküste kann ein Baum aus seiner Balance gedrückt werden, ohne dass er dabei entwurzelt wird. Nun weist die Krone über die Steilklippe nach unten. Häufig baut der Baum aus einem Nebenast eine neue, verkleinerte, senkrecht nach oben wachsende Krone auf, um das Gleichgewicht wiederzuerlangen.

Die Hauptaussage erhält die Kaskade durch die Äste, die über den Schalenrand in die Tiefe reichen. Diese Äste sollten über die Schalenbasis hinabreichen. Die Anordnung der Äste gleicht grünen Treppen, wobei die Stamm- und Astbiegungen leichte S-förmige Schwünge aufweisen. Die an den Außenseiten der Schwünge entspringenden Äste und die daran befindlichen Laub-

polster weisen von der Schale weg nach außen. Über der ersten starken Stammbiegung, die sich noch über der Schalenfläche befindet, erhebt sich die neue, meist schirmförmige, niedrige Krone. Will man den Baum nicht ständig eingedrahtet haben, kommen für diese Stilart nur langsam wachsende Pflanzenarten, wie Nadelgehölze, in Frage, da neue Triebe grundsätzlich der Sonne entgegen wachsen. Bei schnellwüchsigen Arten, wie den meisten Laubbäumen, streben die neuen Triebe sehr rasch nach oben und müssten schnell wieder eingedrahtet werden.
Die Schale muss ein optisches und tatsächliches Gegengewicht für die in die Vertikale weisende Baumform darstellen. Daher benötigen wir eine recht tiefe Schale, die entweder kreisrund, quadratisch oder mehreckig ist. Der Schalendurchmesser entspricht ungefähr dem Fünffachen des Stammdurchmessers. Genau in die Mitte der Schale gepflanzt, erstreckt sich die Kaskade bei eckigen Schalen über eine der Schalenseiten und neigt sich von hier in die Tiefe.

Weitere Stilarten

Neben den genannten Stilarten gibt es viele abgeleitete Grundstilarten. Hier sollen nur einige Beispiele genannt werden.
Die Literatenform: Hierbei versucht der Gestalter, einen in Askese lebenden Gelehrten darzustellen. Der schlanke Stamm mit den wenigen, mäßig belaubten Ästen und der ausgeprägten Krone vermag die Zurückgezogenheit des Gelehrten gut zu vermitteln.
Die windgepeitschte Form: In windexponierter Lage werden Stamm und Äste in die dem Wind abgewandte Richtung umgelenkt.
Mame-Bonsai: Wenn die vorher genannten Stilarten auf bis zu 20 cm Maximalhöhe reduziert werden und immer noch ganz natürlich wirken, spricht man von Mame-Bonsai. Hier werden an das gestalterische und pflegerische Können des Bonsai-Künstlers besonders hohe Anforderungen gestellt.

Die Kaskade streckt ihren Stamm bis unter die Schalenbasis herab.

Bei der Literatenform ist der schlanke Stamm über eine weite Strecke unbeastet.

Einseitiger Wind drückt Stamm und Äste in eine Richtung – die windgepeitschte Form.

Gehölzgruppen

In der Bonsai-Kunst hat die Gestaltung von kleineren Gehölzgruppen bis hin zu großen, undurchdringlichen Wäldern sehr viele Liebhaber.

Bei der Gestaltung von Gehölzgruppen sollte man einige Grundsätze beachten:

- Es werden nur Bäume derselben Art verwendet. Gruppen aus verschiedenen Gehölzarten sind häufig schwieriger zu pflegen, da die einzelnen Baumarten unterschiedliche Bedürfnisse haben können.
- Um Symmetrie zu vermeiden, wählt man eine ungerade Anzahl von Bäumen aus. Lediglich die Größe der Schale begrenzt die Höchstzahl an verwendeten Bäumen.
- Die Bäume sollten sich in Stammdicke und -höhe unterscheiden. Der höchste Baum oder Hauptbaum ist immer auch der dickste. Die anderen Bäume werden abgestuft immer kleiner und dünner.
- Sehr flache und großflächige Schalen oder andere Pflanztabletts sind besonders gut für diese Stilarten geeignet.

Beim Mehrfachstamm entspringt eine ungerade Anzahl von Stämmen einem Wurzelballen.

Ein natürlich wirkender Wald besteht aus unterschiedlich dicken und hohen Bäumen derselben Baumart.

Ein geschlossener Wald

Man kann zum Beispiel aus 13 Bäumen einen geschlossenen Wald pflanzen. Der Hauptbaum steht etwas mehr als ein Drittel von einer Schalenseite entfernt. Zur anderen Seite hin pflanzen wir den ersten Nebenbaum (zweitdickster Baum). Während der Hauptbaum hinter der Mittellinie steht, pflanzen wir den Nebenbaum kurz vor der Schalenmittellinie. Der zweite Nebenbaum (drittdickster) steht neben dem Hauptbaum und rückt stärker in den Vordergrund als der erste Nebenbaum.

Die Verbindungslinien der drei Hauptbäume bilden von oben betrachtet ein ungleichschenkliges Dreieck. Einige der kleineren Bäume werden in den Hintergrund gesetzt und geben der Gestaltung so Tiefenwirkung.

Beim Pflanzen der Bäume muss man darauf achten, dass niemals drei oder mehr Bäume in einer Reihe stehen.

Ein Mehrfachstamm

Wächst aus einem Wurzelballen mehr als ein Stamm, spricht man von Mehrfachstämmen. Bei dieser Stilart

Der Doppelstamm besteht aus zwei Stämmen, die sich in einem spitzen Winkel aus einem gemeinsamen Wurzelansatz entwickelt haben.

gelten für die Anordnung der miteinander verbundenen Stämme dieselben Regeln wie für die Waldform. So spricht man von der kriechenden Form, wenn aus weit unten ansetzenden Ästen eines Baums durch Bodenkontakt bewurzelte Stämme wurden, die weiterhin mit dem Ursprungsbaum verbunden bleiben.
Aus einem umgestürzten Baum, dessen ehemalige Äste zu neuen Stämmen herangewachsen sind, wird die Floßform. Der ehemalige Stamm bildet nun die verbindende Wurzel.

Der Landschaftsstil

Bei der Landschaftsform stellen eindrucksvolle Steine Felsen dar, die mit Bäumen kombiniert werden. Als Felsen verwendet man in erster Linie verwitterungsbeständige Steine in interessanten Formen, die möglichst keine Bearbeitungsspuren aufweisen. Nicht geeignet sind hingegen Steine aus leicht verwitterndem Sandstein. Man kann hier auch sehr gut Bäume verwenden, die sich nur so gut zum Einzel-Bonsai eignen.

Eigene Bonsai gestalten

Sie haben in einem Gartencenter, einer Baumschule, in der freien Natur oder im eigenen Garten einen gedrungenen Baum gefunden, der sich vielleicht für eine Gestaltung zum Bonsai eignet. Wie es jetzt weitergeht, steht hier.

Kriterien für einen geeigneten Baum

Ob der Baum aus der Baumschule oder dem Garten sich tatsächlich zum Bonsai eignet, lässt sich nach folgenden Kriterien entscheiden:

1. Der kleine Baum hat einen durchgehenden, sich harmonisch verjüngenden Stamm.
2. Muss der Stamm eingekürzt werden, sollte er in der beabsichtigten Höhe einen Ast tragen, den man durch Drahten zur neuen Stammspitze umleiten kann.
3. Meist unter der Erdoberfläche verborgen liegen die Wurzeln. Der Baum sollte in einer Höhe gleichmäßig vor allem zu beiden Seiten und nach hinten wegstrebende dickere Wurzelansätze haben. Hieraus wird der spätere Stammfuß beziehungsweise Wurzelhals geformt. Ein gut geformter Stammfuß ist eine notwendige Voraussetzung für einen Bonsai, da ein Baum ohne einen sichtbaren Wurzelhals eher wie ein in die Erde gesteckter Stab aussieht.
4. Nach etwa einem Drittel der Stammhöhe vom Wurzelhals aus gerechnet, sollte sich ein Ast befinden, der sich als Hauptast eignet. Sollte der Ast zu steil nach oben wachsen, muss er noch biegbar sein. Mit Hilfe von Bonsai-Draht kann er so in die gewünschte Form gebracht werden.
5. Die darüber liegenden zwei Drittel des Stamms sollten viele Äste und Zweige tragen, damit man die für die weitere Gestaltung notwendigen Äste auswählen kann.
   Die für die Gestaltung wichtigen Äste sollten von unten nach oben weniger dick und lang sein beziehungsweise passend einzukürzen sein. Auch bei diesen muss die Form häufig durch eine Drahtung überarbeitet werden.
6. Mit dem Hauptast, dem zweiten Ast und der Baumspitze muss man die Eckpunkte eines ungleichschenkligen Dreiecks festlegen können.

Die Kronensilhouette sollte ein ungleichschenkliges Dreieck bilden.

Gestaltung eines Bonsai

Sind diese Voraussetzungen erfüllt, kann man sich an die Gestaltungsarbeit machen.

Vielfach ist es nach der Grundgestaltung sinnvoll, den Baum noch für einige Jahre in einem normalen Anzuchttopf zu belassen. Hier kann der Baum sich von den Strapazen der Gestaltung erholen und wird schneller neuen Zuwachs zeigen. Oft müssen bei der Erstgestaltung recht viele Äste und Zweige entfernt werden. In dem Anzuchtgefäß werden die Äste schneller an Dicke zunehmen und die Wunden in kürzerer Zeit zuheilen können.

Diese unglasierte, tonnenförmige Schale wirkt zu schwer.

Hier korrespondiert die Glasurfarbe mit keinem Baumteil.

Diese runde Schalenform widerspricht der Baumaussage.

Umtopfen eines Bonsai

Irgendwann kommt aber der Zeitpunkt des Umtopfens in die geeignete Bonsai-Schale. Dabei wird der Baum nicht genau in die Mitte der Schale gepflanzt (Ausnahme bei Kaskaden), sondern etwa ein Drittel von einem Schalenrand entfernt und kurz hinter der Mittellinie der Schale eingesetzt.

Die richtige Schale

Die richtige Schale zu finden, ist gar nicht so einfach. Hier einige Auswahlkriterien für eine Schale:

- Die Form der Schale wird durch die Gestalt des Baumes vorgegeben. Ovale und rechteckige Schalen eignen sich für die frei aufrechte Form, die streng aufrechte Form, die gelehnte Form und die daraus abgeleiteten Formen sowie für Wälder und Mehrfachstämme. Quadratische und runde Schalen eignen sich für Kaskaden.
- Laubbäume brauchen optisch leichte, feminine Schalen, während Nadelbäume optisch schwere, maskuline Schalen benötigen.
- Die Schalenrandhöhe entspricht der Dicke des Stammes. Die Breite der Schale errechnet sich aus zwei Dritteln der Baumhöhe.
- Die Farbe der Schale sollte sich entweder in der Farbe von Rinde oder Laub wiederfinden oder als deren Komplementärfarbe gewählt werden.

Gelungene Wahl: Die unregelmäßig geformte, unglasierte Schale unterstreicht die Natürlichkeit der Baumgestaltung.

Gestaltungsbeispiele

Zunächst wird der rechte dicke Ast auf kürzere Nebentriebe zurückgesetzt und die Gesamtastzahl wird reduziert.

Die Zweige werden weiter ausgedünnt und die Silhouette des frei aufrechten Bonsai wird herausgearbeitet.

Nun wird der Wurzelballen so weit reduziert, dass das Gleichgewicht der Baumteile wieder hergestellt wird.

Die Bäume für die folgenden Gestaltungsbeispiele stammen aus einer speziellen Bonsai-Baumschule. Der Gärtnermeister Herrman Pieper zieht in seiner Bonsai-Schule Enger in Westfalen (siehe Seite 92) vorwiegend einheimische Baumarten so heran, dass diese sich besonders gut als Roh-Bonsai eignen.

Alte Aststümpfe werden am besten mit der Konkavzange entfernt.

Gestaltung einer frei aufrechten Form

Der hier dargestellte Roh-Bonsai ist eine etwa zehnjährige Europäische Hainbuche von etwa 30 cm Höhe.

Bevor die eigentliche Gestaltungsarbeit beginnt, betrachtet man den Baum von allen Seiten und legt dann die Vorderseite fest. Die Festlegung der Vorderseite richtet sich nach der Stammlinienführung, der Stellung des Hauptastes und dem Wurzelhals.

Die Stammlinienführung sollte harmonisch und gut erkennbar sein. Der Hauptast zeigt zu einer der beiden Seiten. Kräftige Wurzeln zu beiden Seiten und nach hinten kennzeichnen die Wurzelbasis. Keine dicke Wurzel zeigt direkt nach vorne.

In unserem konkreten Beispiel (Bild 1) sieht man, dass der Stamm sich in einer bestimmten Höhe in zwei Stämme aufteilt. Die linke Stammverlängerung ist harmonischer, also wird die rechte Stammverlängerung entfernt (Bild 2).

Gleichzeitig bietet sich in einem Drittel der Stammhöhe ein Ast auf der rechten Seite als Hauptast an.

Aus der Vielzahl der verbliebenen Äste werden nun diejenigen ausgewählt, die dem Verzweigungsschema einer frei aufrechten Form am besten entsprechen. Alle anderen Äste und Zweige werden entfernt.

Da der Baum sich in der Folgezeit noch stärker verzweigen soll, wird dieser zukünftige Zuwachs beim Beschneiden der Äste und Zweige berücksichtigt. Man kürzt also etwas stärker ein. Einige Äste müssen zusätzlich durch Draht in ihrer Form korrigiert werden.

Ist die Formgebung der oberirdischen Baumteile zufrieden stellend abgeschlossen, wird der Wurzelballen zum Einpflanzen in die Bonsai-Schale vorbereitet. Je nachdem, wie umfangreich die Reduktion der oberirdischen Baumteile war, wird zwischen einem Drittel und der Hälfte der Wurzelmasse entfernt. Dabei muss der Wurzelballen wegen der Form der Bonsai-Schale vor allem flacher werden (Bild 3).

Die hier ausgewählte Schale ist etwas tiefer, als es eigentlich für die Form des Baums erforderlich wäre. Dennoch ist die Auswahl der Schale sinnvoll, weil der Baum sich mit mehr Erdvolumen besser von der Erstgestaltung erholen kann (Bild 5).

In ein bis zwei Jahren hat sich der Bonsai feiner verzweigt und kann dann in eine flachere und etwas breitere Schale umgepflanzt werden.

5

So sieht das vorläufige Ende der Gestaltung aus. In den nächsten Jahren wird die Krone dieser Hainbuche immer mehr verfeinert.

Ein Wald wird gestaltet

1 *In der Bonsai-Baumschule Pieper wurde Lärchen* (Larix decidua) *unterschiedlicher Dicke und Höhe ausgewählt.*

Mit der Gestaltung eines Waldes hat gerade der Bonsai-Neuling recht schnell einen vorzeigbaren Erfolg. Die Anforderungen an die Gestaltungstechniken sind nicht ganz so hoch wie bei einem Einzelbonsai.

Vorbereitende Arbeiten

Sie benötigen:

- eine flache, großflächige Schale oder ein entsprechendes Pflanztablett
- eine ungerade Anzahl von Bäumchen unterschiedlicher Stammstärke und Wuchshöhe
- mindestens einen Baum mit recht dickem Stamm; in der späteren Gestaltung ist er der Hauptbaum und sollte besonders sorgfältig ausgewählt werden
- untergeordnete Bäume in Abstufungen bezüglich der Stammdicke und Höhe
- einige kleine Bäume für den Hintergrund; sie sollen der Waldpflanzung Tiefenwirkung geben.

2 *Jeder einzelne Baum wurde schon einige Jahre auf seine Bestimmung als Bonsai vorbereitet, alle wurden inzwischen sorgfältig gestaltet und auch die Wurzelballen wurden entsprechend zurückgeschnitten. Zur Probe werden die Bäume so zusammengestellt, dass ein natürlicher Wald (ungerade Zahl von Bäumen) mit Haupt- und Nebenstämmen entsteht.*

3

In eine rechteckige, flache Landschaftsschale wurde eine dünne Schicht grober Pflanzerde eingebracht, auf der die Bäume platziert werden. Die Wurzelballen der Bäume wurden so stark beschnitten und flacher gearbeitet, dass die Bäume jetzt in zwei Hauptgruppen arrangiert werden können, wobei sich die beiden Hauptbäume aufeinander beziehen. Die kleineren, im Hintergrund platzierten Bäume sollen der gesamten Gestaltung Tiefe geben.

4

Damit die Bäume trotz ihrer reduzierten Wurzelballen sicher in der Schale stehen, einen Halt in der lockeren Erde finden und nicht von leichtem Wind umgedrückt werden können, müssen sie an ihrem Standort mit Drähten fixiert werden. Dazu wurden bei der Schalenvorbereitung einige Drähte von unten durch die Wasserabzugslöcher der Schale geführt und werden nun über die Wurzelballen gelegt. Die freien Drahtenden werden fest miteinander verdrillt.

5

Nun wird die krümelige, trockene Pflanzerde eingefüllt. Mit einem an der Spitze abgerundeten Essstäbchen oder einem Pikierholz wird die Erde sorgfältig in alle Wurzelzwischenräume eingearbeitet. Nur die Wurzeln, die einen engen Kontakt zur Erde haben, können Wasser und Nährstoffe aufnehmen und den Baum richtig versorgen. Die eckige Schale unterstreicht den herben Charakter der Waldgestaltung.

6

Zum Abschluss wird eine dünne Schicht feinerer Deckerde aufgetragen. Flache Moospolster, zwischen die Bäume gelegt, unterstreichen die Natürlichkeit der Gestaltung und dienen außerdem als Wasserspeicher. Sie werden beispielsweise beim Umtopfen aus anderen Bonsai-Schalen geerntet. Vorsichtig, aber durchdringend wird der neue Wald angegossen und an einem halbschattigen Ort aufgestellt.

Die eigentliche Gestaltung

Zunächst stellt man die Bäume probehalber noch völlig unbeschnitten zusammen, gruppiert die kleinen Bäume um die großen und studiert ihre Gesamtwirkung.

Erst jetzt sieht man, in welcher Weise die Bäume beschnitten werden müssen. Die Kronen sollten zwar eine optische Einheit darstellen, sich aber gegenseitig nicht durchdringen. Auch müssen die Wurzelballen der Bäume so beschnitten werden, dass sie möglichst nah nebeneinander stehen können. Der Hauptbaum wird besonders sorgfältig bearbeitet, da er der optische Ankerpunkt sein soll. Er wird außerhalb der Mitte, in unserem Beispiel nach links versetzt, platziert. Rechts und leicht nach hinten von ihm aus gesehen steht der zweitstärkste Baum.

Um diese beiden Bäume herum gruppieren sich die anderen Bäume. Entsprechend gliedert sich der Gesamtwald in zwei Baumgruppen, die aber immer noch miteinander in Verbindung stehen. Von vorn betrachtet, sollten sich die einzelnen Bäume weder verdecken, noch sollten drei oder mehr Bäume eine Linie bilden. Auch von den Seiten her betrachtet, dürfen keine Baumlinien zu sehen sein.

7

Die Lärchen haben die Gestaltung gut überstanden, was sich an dem frischen Austrieb zeigt. In den nächsten Jahren werden die Bäume feiner verzweigt.

Praxis

Standort und Überwinterung

Der richtige Standort

Alle bei uns heimischen Bäume sind Freiland-Bonsai. Sie werden das ganze Jahr über im Garten, auf der Terrasse oder auf dem Balkon gepflegt. Bis auf wenige Tage während der Wachstumszeit dürfen sie nicht im Zimmer stehen. Auf keinen Fall dürfen sie im Winter in geheizten Räumen aufgestellt werden. Die winterliche Ruhezeit ist für die Bäume genauso unabdingbar wie für uns der nächtliche Schlaf. Wird dieser Jahres- beziehungsweise Tagesrhythmus gestört, erkrankt oder stirbt der Baum.

Während der Wachstumszeit ist ein heller, luftiger Standort für die Entwicklung der Bonsai ideal. Die Stellflächen sollten so ausgewählt werden, dass überschüssiges Gießwasser ungehindert abfließen kann. Aus einzelnen Brettern mit Zwischenräumen zusammengebaute Regale bieten diese Voraussetzung. Sehr ungünstig sind alle Stellflächen mit glatten Oberflächen, da hier das aus den Abflusslöchern im Schalenboden auslaufende Wasser nicht abfließen kann. Leicht bilden sich hier unter den Abflusslöchern im Schalenboden Wasserblasen. Das kann zu Staunässe führen, die wiederum einen schweren Wurzelschaden auslöst. Deshalb sollte man grundsätzlich bei glatten Stellflächen etwa eine halbe Stunde nach dem Gießen die Schalenunterseiten überprüfen und bei Bedarf vorhandenes Wasser wegwischen.

Profi Tipp von mein schöner Garten

Bei lang anhaltendem Regen sollten die Schalen leicht schräg aufgestellt werden, damit das Wasser besser abfließen kann. Dazu können kleine Holzkeile auf einer Schalenseite untergelegt werden.

Gutes Überwintern

Ein richtig gepflegter, gesunder Freiland-Bonsai übersteht nach einer guten Aushärtung im Herbst sehr tiefe Temperaturen. Die oberirdischen Baumteile vertra-

Ein Gartentisch, einige Styroporplatten und Noppenfolie sind die Bestandteile für eine Bonsai-Überwinterungsstation. Bei Sonne wird die Folie aufgedeckt, damit sich der Innenraum nicht zu stark erwärmt.

Im Sommer stehen die Bonsai auf halb hohen Holzregalen, damit sie optimal gepflegt werden können. Wichtig sind die Zwischenräume zwischen den Latten.

gen an einem windgeschützten Standort problemlos Temperaturen bis –20 °C. Lediglich der Wurzelballen sollte nicht mehr als fünf Tage hintereinander durchgefroren sein. Da die oberirdischen Teile in diesem Fall weiterhin Wasser verdunsten, dieses durch die eingefrorenen Wurzeln aber nicht nachgeliefert werden kann, kommt es zu Frosttrocknis, das heißt, dass Baumteile langsam austrocknen.

Als idealer Überwinterungsstandort kann ein Gartentisch dienen. Auf den Boden unter dem Tisch legt man Platten aus Styropor, auf die die Bäume gestellt werden. Über den Tisch breitet man nun eine Abdeckung aus sogenannter Noppenfolie, die man in jedem Gartencenter erwerben kann. Damit die Folie bei Wind nicht weggeblasen wird, legen wir auf die auf dem Boden aufliegenden Folienränder einige ausreichend schwere Steine. Diese Konstruktion kann natürlich bei einer größeren Bonsai-Sammlung leicht durch ein aus einigen stabilen Latten zusammengebautes Gestell variiert werden.

Bei Sonnenschein wird die Folienabdeckung geöffnet, da in der direkten Sonne recht schnell sehr hohe Temperaturen unter der Folie erreicht werden können. Unter ungünstigen Bedingungen können die Bäume sonst vorzeitig aus der Winterruhe erwachen und überstehen dann die nächsten frostigen Nächte nicht.

Natürlich muss auch im Winter regelmäßig die Bodenfeuchte überwacht und bei Bedarf gegossen werden.

Auf keinen Fall darf im Winter gedüngt werden. Jegliche Düngergabe im Winter führt zur Austrocknung der Wurzeln und damit zu einem Wurzelschaden.

Bonsai richtig ernähren

Wie oft ein Bonsai gegossen und gedüngt werden muss, hängt von der Baumart, der Temperatur, der Jahreszeit, dem Standort und nicht zuletzt von der Größe des Bonsai ab.

So benötigen Weiden oder Erlen an manchen Tagen mehrmals Wasser, während Kiefern bei trüben Witterungslagen vielleicht mehrere Tage nicht gegossen werden müssen. Werden bei Laubbäumen die Blätter schlapp, muss auf jeden Fall gegossen werden.

Man kann sagen, dass die meisten Pflanzen eher zu viel gegossen werden, als dass sie vertrocknen.

Der lange Hals der Bonsai-Gießkanne und der feine Brauskopf lassen das Wasser in sanftem Strahl auf die Erdoberfläche rieseln.

Wasser optimal dosieren

Die im Porträtteil angegebenen Erdmischungen enthalten immer einen Anteil Akadama-Erde. Die Akadama-Erde ist im feuchten Zustand deutlich dunkler als im trockenen Zustand. Wenn die Erde hell wird, ist sie trocken und es ist der richtige Zeitpunkt zum Gießen gekommen.

Zum Wässern verwendet man möglichst sauberes Regenwasser. Leitungswasser ab Härtegrad 2 hat einen erhöhten Salzanteil und führt mit der Zeit zu unschönen Kalkausblühungen am Schalenrand und auf der Erdoberfläche. Zusätzlich verändert der gelöste Kalk auch den pH-Wert (Säuregrad) des Bodens, was wiederum die Aufnahme von Dünger behindern kann, da die meisten Bäume eine relativ stabilen pH-Wert im leicht sauren Bereich für eine optimale Nährsalzversorgung benötigen.

Mit einer langhalsigen Gießkanne und einem feinen Brausekopf wird das Wasser in feine Tröpfchen verteilt und kann so wie ein milder Sommerregen langsam ins Erdreich eindringen. Es wird so lange gegossen, bis Wasser aus den Wasserabzugslöchern auszufließen beginnt.

Ist die Erde einmal richtig trocken geworden, kann es sein, dass schon nach kurzer Zeit Wasser aus den Abzugslöchern auszufließen beginnt oder über die Erdoberfläche abperlt, obwohl die Erde nur wenig Wasser aufgenommen hat. In solch einem Fall wird in Etappen gegossen. Zunächst gießt man die Erdoberfläche an, bis sie das Wasser in sich eindringen lässt und gießt danach, bis sich die Erde mit Wasser sättigt. Achten Sie aber darauf, dass überschüssiges Gießwasser immer ungehindert abfließen kann.

Dünger für die Gesundheit

Freiland-Bonsai dürfen im Winter auf keinen Fall gedüngt werden. Achten Sie auch darauf, dass Sie die Empfehlungen für den Düngezeitraum in den Pflanzenporträts möglichst genau einhalten. Düngt man noch zu spät im Herbst oder mit zu viel Stickstoffanteil im Dünger, härten die Bäume nicht richtig aus und sterben im Winter eventuell ab.

Grundsätzlich teilt man die Dünger in zwei Gruppen ein: organische und anorganische Dünger. Die für die Bonsai-Pflege erhältlichen organischen Dünger liegen in Form fester sogenannter Düngekugeln vor. Anorganische Dünger kennen Sie in meist flüssiger Form als normale Grünpflanzendünger.

Pflanzen können Dünger nur in Form von Nährsalzen aufnehmen. Entsprechend müssen japanische Düngekugeln erst durch die Bodenorganismen aufgeschlossen werden. Die aus organischem Dünger freigesetzten Nährsalze wirken daher zwar mit deutlicher zeitlicher Verzögerung, aber gleichzeitig schonend auf die Pflanzen. Daher ist diese Form von Dünger für Bonsai sehr empfehlenswert.

Legen Sie je nach Nährstoffbedarf der einzelnen Baumarten mehrere Düngekugeln auf die Erdoberfläche und gießen Sie sie anschließend gut an. In die feuchten Düngekugeln dringen im Boden befindliche Bakterien ein, die bei ihrem Stoffwechsel die Nährsalze freisetzen und somit für den Bonsai verfügbar machen. Sich ansiedelnde Fliegenlarven sind ungefährlich.

Nach etwa vier Wochen sind die vorhandenen Nährstoffe vollständig freigesetzt und die Düngekugelreste werden entfernt. Nun werden an anderen Stellen neue Düngekugeln aufgelegt. Bis zum Ende der jeweiligen Düngeperiode wird in gleicher Weise verfahren.

Bei anorganischen Düngern, wie Blumendünger, besteht leicht die Gefahr der Überdosierung. Dennoch können manchmal anorganische Flüssigdünger sehr hilfreich sein. Zeigt ein Baum Mangelerscheinungen, wie Hellwerden der Blätter mit gleichzeitig grünen Blattadern, gleichen solche Dünger den Mangel sehr schnell aus.

Grundsätzlich sollten Sie sich an die Dosierungsempfehlung auf der Verpackung halten. Wichtig ist, dass solche Flüssigdünger niemals auf den trockenen Boden aufgebracht werden dürfen. Der erhöhte Salzgehalt führt leicht zu einer Entwässerung der Wurzeln und somit zu einem mehr oder weniger schweren Wurzelschaden. Will man also mit anorganischen Düngern arbeiten, wird der Boden immer erst gut angegossen und etwa eine halbe Stunde später wird die Düngerlösung aufgebracht.

Eine optimale Düngerversorgung (linker Baum) sorgt für eine satte Laubfärbung, einen guten Austrieb und eine insgesamt gesunde Pflanze. Unterversorgte Bäume (rechter Baum) kränkeln leicht und sind anfällig für Schädlinge.

Mit Draht die Triebe leiten

Will man mit einem relativ jungen Baum einen reifen, alten Baum darstellen, müssen seine Äste meist in der Form verändert werden. Während bei jungen Bäumen die Äste aufwärts streben, sind die Äste bei alten Bäumen abwärts geneigt. Traditionell geschieht in der Bonsai-Kunst diese Formkorrektur mit Hilfe von Draht. Meist verwendet man heute verkupferten Aluminiumdraht in verschiedenen Stärken.

Das Eindrahten

Bei der Auswahl der richtigen Drahtstärke gilt die Faustregel: Der Draht sollte etwas mehr Festigkeit haben als der Baumteil, der eingedrahtet werden soll. Eine entsprechende Biegeprobe bringt hier Gewissheit. Zum Zurechtschneiden und zum späteren Entfernen des Drahts brauchen wir eine Drahtzange. Ähnlich wie bei einem Seitenschneider greifen bei diesem Werkzeug die Schneidbacken aufeinander zu. Durch die langen Griffe gibt die Hebelwirkung genügend Kraft für das Durchkneifen selbst dicker Drähte.

Bei der Gestaltung werden alle Triebe bis in die feinsten Spitzen eingedrahtet.

Eindraht-Regeln

- *Bei einer Stammdrahtung wird das eine Drahtende in einem Winkel von 45 Grad auf der Rückseite des Stamms zur Verankerung in die Erde gesteckt.*
- *Während man mit der einen Hand den Draht fixiert, wird er mit der anderen Hand im 45-Grad-Winkel um den Stamm gewunden.*
- *Der Draht sollte zwar am Baumteil anliegen, darf aber nicht in die Rinde einschneiden.*
- *Sollen Äste und Zweige eingedrahtet werden, erhalten nach Möglichkeit zwei gleich starke Äste oder Zweige einen gemeinsamen Draht. Beim Übergang von einem Ast oder Zweig zum anderen sollte mindestens eine Drahtwindung um den Stamm oder Ast geführt werden.*
- *Werden mehrere Drähte um einen Baumteil gelegt, müssen die Drähte parallel zueinander, eng einander anliegend geführt werden und dürfen sich nicht überkreuzen.*
- *Der Draht sollte auf der Außenseite der beabsichtigten Biegung liegen. Nur so kann er ausreichend viel Druck auf die Biegung ausüben.*
- *Beim Biegen des Baumteils arbeitet man mit beiden Händen. Der Daumen der einen Hand liegt auf der Innenseite der Biegung, während die andere Hand die Biegung ausführt.*
- *Nun lässt man dem Baum ausreichend Zeit, die Formkorrektur durch neues Holzwachstum zu stabilisieren. Spätestens dann, wenn der Draht in die Rinde einzudrücken beginnt, muss er wieder entfernt werden. Sollte der Baumteil wieder in seine vorherige Form zurückkehren, muss neu gedrahtet werden.*

Das richtige Drahten

1

Planen Sie bei der Drahtung die beabsichtigten Stammbiegungen mit ein. Der Draht muss in gleichmäßigen Schwüngen an den entsprechenden Baumteil angelegt werden. Der untere Draht ist falsch angelegt, da er nicht auf der Außenseite der Biegung liegt und so nicht den nötigen Formdruck erzeugen kann.

2

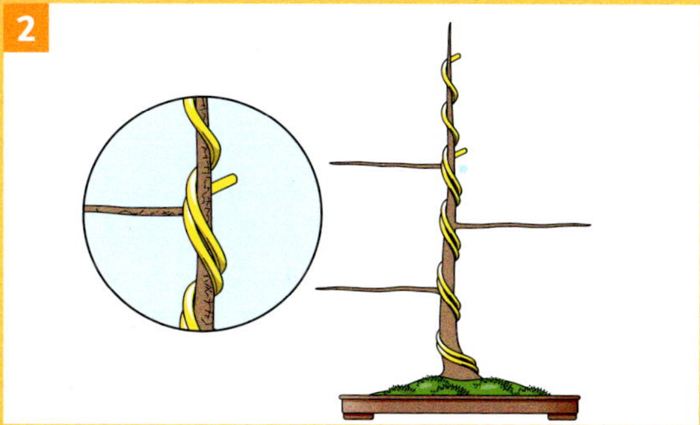

Für eine Stammdrahtung wird das untere Drahtende nah am Stamm in die Erde gesteckt und in gleichmäßigen Schwüngen den Stamm hinaufgeführt. Reicht die Stärke des Drahtes für die Formkorrektur nicht aus, wird ein zweiter, parallel geführter Draht angelegt.

3

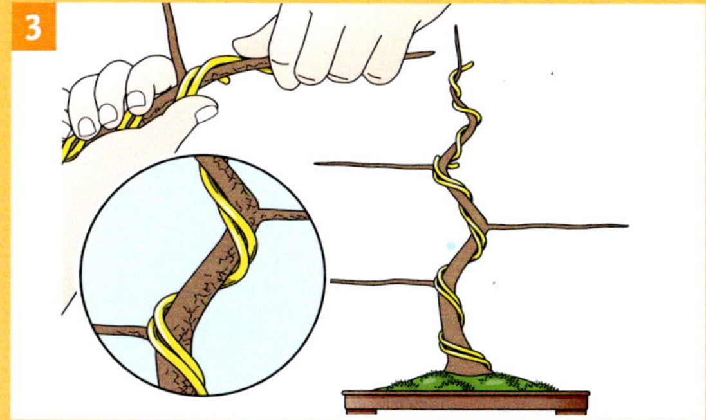

Beim Biegen des gedrahteten Baumteils arbeitet man mit beiden Händen. Während der Daumen der einen Hand an der Biegungsinnenseite Druck ausübt und die Biegung sichert, wird die andere Hand oberhalb angesetzt und übt den Biegedruck aus.

4

Muss nur ein Teil des Stamms gedrahtet werden, dient ein Ast der Fixierung. Hierbei wird der Ast mit wenigen Umwindungen versehen. Ähnlich geht man bei der Drahtung zweier Äste vor. Sie werden mit einem gemeinsamen Draht geformt.

Will man einen Baum vollständig eindrahten, werden zunächst der Stamm, anschließend die Äste und zuletzt die Zweige mit Draht geformt. Natürlich drahtet man nur diejenigen Baumteile ein, die in ihrer Form korrigiert werden müssen.

Das Entdrahten

Beim Entfernen des Drahts arbeitet man sich von oben nach unten und von außen nach innen durch den Baum. Zunächst werden die dünneren und danach die dickeren Drähte entfernt.

Mit der Drahtzange werden die Drähte vorsichtig Windung für Windung durchgekniffen, bis sie herunterfallen. Auf keinen Fall sollte man versuchen, den Draht abzuwickeln, da dabei leicht Pflanzenteile abbrechen können!

Bonsai schneiden

Mit der feinen Bonsai-Schere werden dünnere Triebe, auch im Inneren der Baumkrone beschnitten. Die Triebe werden ungefähr 1 cm oberhalb einer Knospe sauber abgeschnitten.

Mit der Konkavzange kann man nicht nur dickere Äste entfernen, sondern auch unschöne Aststümpfe auf die Art und Weise bearbeiten, dass anschließend eine gute Wundverheilung möglich ist.

Das richtige Bonsai-Werkzeug

Für den Anfang benötigen Sie eine oder mehrere Bonsai-Scheren für feinere und gröbere Schnittmaßnahmen. Normales, im Gartenhandel erhältliches Schneidewerkzeug ist für Bonsai meist zu grob und damit ungeeignet. Selbst gute Rosenscheren fasern häufig beim Schnitt das Pflanzengewebe aus, was zu einer schlechten Wundverheilung führt.

Die Achselknospe zeigt in die Richtung, in die sich der aus ihr wachsende neue Trieb entwickeln wird. So lässt sich die Verzweigung verfeinern.

Mit Bonsai-Scheren lassen sich saubere Schnitte durchführen, ohne dass das Pflanzengewebe ausfranst. Mit der normalen Bonsai-Schere können mittelstarke Triebe geschnitten werden. Die schlanke Bonsai-Schere ist zum Einkürzen feinerer Triebe, vor allem im Kroneninnern, geeignet.

Beim Entfernen dickerer Äste entstehen größere Wunden. Mit den verschiedenen Konkavzangen können wir die anschließende Wundverheilung günstig beeinflussen und so dafür sorgen, dass sich das Wundgewebe später gut in das Stammbild integriert. Die Kneifbacken der Konkavzangen ergeben keinen geradflächigen Schnitt, sondern er ist leicht nach innen gewölbt und greift also etwas stärker in das Holz des Stamms. Das anschließend von den Seiten her die Wunde überwallende Wundgewebe ist etwas dicker als bei normalem Wachstum. Durch die leichte Einwölbung der Wunde ins Holz haben wir mit der Konkavzange genügend Raum für dieses stärkere Wachstum geschaffen. Nach einiger Zeit integriert sich das Wundgewebe ohne Aufwallung in den Stamm oder Ast. Der richtige Schnitt mit der Konkavzange sollte immer in Richtung der Fließrichtung des Wassers erfolgen. Bei dem senkrecht stehenden Stamm zeigen also die Spitzen der beiden Kneifbacken nach oben. Solche Wunden verheilen viel schneller als Wunden, die quer zur Fließrichtung des Wassers angelegt sind.

Die richtige Schnittführung

Mit der richtigen Schnittführung geben wir vor, wohin der nächstfolgende Trieb wachsen wird. Das geht wie folgt: In jeder Blattachsel entwickelt sich eine Knospe. Diese zeigt in die Richtung, in die der sich daraus entwickelnde Neuaustrieb wachsen wird. Zur Verlängerung des Zweiges wählen wir bevorzugt Knospen aus, die auf der Unterseite des Zweiges stehen. Die hier austreibenden Zweige verlängern den Ast viel natürlicher als neue Zweige, die sich auf der Oberseite des Astes entwickeln. Die aus Knospen an der Oberseite wachsenden Triebe gehen eher senkrecht nach oben, was nicht erwünscht ist.

Um eine stärkere Verzweigung zu erzielen, wählen wir Knospen aus, die seitwärts gerichtet sind.

Der Blattschnitt

Wie auch in den Pflanzenporträts beschrieben wird, haben die Blätter von Laubbäumen eine gewisse Variabilität in der Größe. Da wir bei Bonsai das verkleinerte Abbild eines großen Baums in der freien Natur nachempfinden wollen, sollten die Blätter möglichst klein sein. Häufig werden die Blätter schon durch die pflegerischen Maßnahmen verkleinert, manchmal müssen wir den Baum aber hierbei unterstützen.

Alle zwei bis drei Jahre können wir bei Laubbäumen einen Blattschnitt durchführen. Dazu müssen die Bäume gesund sein und dürfen nicht von Schädlingen befallen sein. Sobald die Blätter ausgehärtet und in den Blattachseln kleine Knospen erkennbar sind, dürfen die Blätter entfernt werden. Dazu schneidet man die Blattflächen am Übergang zum Blattstiel ab, belässt aber die Blattstiele am Baum. Nach wenigen Tagen trocknen die Blattstiele ein und fallen ab. Zwei bis drei Wochen später wachsen aus den Knospen neue Triebe mit meist kleineren Blättern.

Kurz vor dem Blattschnitt und während sich die neuen Blätter bilden, sollten keine Düngergaben verabreicht werden. Denn vor allem stickstoffreicher Dünger regt die Wuchskraft an und die neuen Blätter sind dann möglicherweise noch größer als die alten. Alle glattborkigen Bäume sollten zum Schutz gegen Son-

Blattschnitt

Bei einem gesunden Baum werden beim Blattschnitt die Blattstiele in der Nähe der Blattflächen durchtrennt.

Bald trocknet der Blattstiel ein und fällt ab. Aus der Blattachsel wachsen nach einiger Zeit meist kleinere Blätter heran.

1 Eingetrocknete Aststümpfe sind eine ideale Eintrittsstelle für Holz zerstörende Organismen und sollten deshalb nicht an einem Bonsai-Baum verbleiben. Die Konkavzange ist für das Entfernen solcher Aststümpfe das richtige Werkzeug.

2 Nach und nach wird das trockene Holz entfernt. Die braune Verfärbung deutet darauf hin, dass bereits Holz zerstörende Organismen in den Baum eingedrungen sind. Die Faulstelle muss deshalb unbedingt restlos entfernt werden.

nenbrand im laublosen Zustand nicht in der prallen Sommersonne stehen. Ein möglichst heller, aber leicht schattierter Standort ist am günstigsten. Ist der Standort zu dunkel, werden die Blätter durch den Lichtmangel auch wieder zu groß. Bei der Wahl des richtigen Standorts ist also ein wenig Fingerspitzengefühl notwendig.

Die Wundheilung fördern

Bäume und Sträucher verfügen über ein überaus großes Regenerationsvermögen. Von einer gesunden Holzpflanze werden Wunden problemlos verheilt, indem die Kambiumzellen des Wundrands ein spezielles Gewebe hervorbringen, den Wundkallus. Das Kallusgewebe wächst von den Wundrändern her langsam über die Wunde, bis es in der Mitte zusammenstößt. Bei großen Wunden kann dieser Vorgang viele Jahre dauern. Ist die Wundheilung schließlich abgeschlossen, kann man zwar die Narbe noch lange sehen, der Schutz gegen äußere Angriffe durch Holz zerstörende Organismen ist aber vollständig wiederhergestellt. Das ist auch wichtig, denn der Holzkörper besteht aus toten Zellen. Bei größeren Wunden ist er äußeren Einflüssen schutzlos ausgeliefert. So kann

Vorzüge der japanischen Knetmasse als Wundverschlussmittel

- *Die Masse bleibt relativ lange elastisch und deckt deshalb auch den sich aufwölbenden Wundkallus weiterhin ab.*
- *Ihre spezielle Zusammensetzung fördert die Bildung von Wundkalluszellen und lässt die Wunde schneller zuheilen.*
- *Sobald die Wunde verschlossen ist, trocknet auch die japanische Knetmasse ein und fällt rückstandsfrei ab oder lässt sich vorsichtig abnehmen.*
- *Einfache Anwendung: Mit angefeuchteten Fingerspitzen entnimmt man eine geeignete Portion, formt daraus eine kleine Kugel, die dann auf die Wunde gedrückt wird. Die Masse wird nun so weit auseinander gedrückt, bis sie leicht über die Wundränder hinausreicht. Nun kann der Baum ungestört die Wunde unter dem Pflaster verschließen. Das ist besonders wichtig, damit die Wundränder nicht zurücktrocknen.*

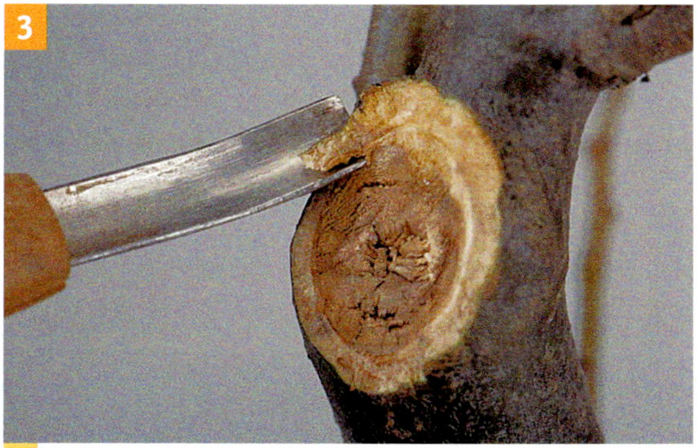

Mit einem scharfen Stechbeitel werden die Wundränder anschließend nachbearbeitet. Feine Holzfasern werden entfernt und die Wundfläche wird in der Form bearbeitet, dass ihr Zentrum etwas tiefer eingegraben im Holzkörper liegt.

Von der Seite betrachtet kann man jetzt gut erkennen, dass sich die Wunde nun harmonisch in den Holzkörper eingliedert. Später wird nur noch eine flache Narbe auf die frühere Verletzung des Bonsai-Baumes schließen lassen.

sich die Wunde durch Eintrocknen von Wundrandzellen vergrößern oder Holz zerstörende Krankheitserreger können eindringen.

Um das zu verhindern, sollten alle Schnittstellen, die mehr als bleistiftdick sind, mit einem Wundverschlussmittel abgedeckt werden.

Die in Gartencentern erhältlichen Wundpasten bieten zwar einen ausreichend guten Schutz, hinterlassen aber an den Bonsai häufig jahrelang unschöne farbige Reste. Das beste Wundverschlussmittel für Bonsai ist eine spezielle Knetmasse aus Japan. Diese Knetmasse können Sie in jedem gut sortierten Bonsai-Fachgeschäft erwerben.

Bei entrindeten Baumteilen wird das Holz durch das regelmäßige Auftragen eines speziellen Bleichmittels geschützt.

Die japanische Wundknetmasse wird sorgfältig auf die Wunde aufgelegt. Mit angefeuchteten Fingerspitzen wird eine kleine Knetmassenkugel mittig auf die Wundfläche gedrückt, so dass sie sich gleichmäßig verteilen kann.

Die Knetmasse muss mit angefeuchteten Fingerkuppen so verteilt werden, dass sie über die Wundränder hinausreicht. Unter dieser schützenden Haube kann der Baum in Ruhe die Wunden verschließen. Nach der Verheilung fällt die Masse von selbst ab.

Bonsai richtig umtopfen

Sobald die Wurzeln einer Pflanze keinen weiteren Raum für neues Wachstum mehr haben, stellt sie auch ihr oberirdisches Wachstum ein und stirbt schließlich ab. Bei einem Bonsai ist das nicht anders. Durch die Schale ist der Wurzelraum begrenzt. Bei einer normalen Topfpflanze würden Sie durch Umtopfen in den nächstgrößeren Blumentopf für neuen Wurzelraum sorgen. Bei Bonsai hingegen bilden Baum und Schale eine Einheit wie ein Bild mit seinem Rahmen. Entsprechend müssen wir hier auf andere Weise für neuen Wurzelraum sorgen. Das geschieht durch einen Wurzelschnitt.

Der Wurzelschnitt

Normalerweise ist der Bonsai mit den durch die Wasserabzugslöcher führenden Bonsai-Drähten in der Schale fixiert. Als Erstes werden diese Fixierungsdrähte mit der Drahtzange durchgekniffen (Bild 1). Wird der Bonsai nun vorsichtig aus der Schale gehoben, sieht man den kompakten Wurzelballen (Bild 2). Mit einer Wurzelkralle lockert man vorsichtig den Wurzelfilz (Bild 3). Langsam arbeitet man sich von den Außenkanten des Wurzelballens nach innen. Nach einiger Zeit hängen lange Wurzelbärte herab, die mit einer Bonsai-Schere zurückgeschnitten werden. Je nach Baumart führt man einen mäßigen (ein Drittel der Wurzelmasse wird entfernt) bis starken (etwas mehr als die Hälfte der Wurzelmasse) Wurzelschnitt durch. Mit einem Holzstäbchen arbeitet man den Wurzelhals frei (Bild 4) und schneidet oberhalb der sternförmig auseinander strebenden, dickeren Wurzeln die anderen Wurzeln ab (Bild 6). Nun kann man den Wurzelhals und den reduzierten Wurzelballen gut sehen.

Wurzelschnitt

Zuerst wird der Fixierdraht durchgekniffen.

Der Wurzelballen hatte die Schale ganz ausgefüllt.

Jetzt erfolgt das Lockern des Ballens mit der Wurzelkralle.

Weitere Erde wird zwischen den Wurzeln entfernt.

Nun liegen alle Wurzeln frei und können begutachtet werden.

Ungünstig liegende Wurzeln werden entfernt.

Das Eintopfen

Auf die beim Wurzelschnitt entstandenen größeren Wunden trägt man die Wundknetmasse auf.

Die Schale wird gesäubert und über den Wasserabzugslöchern werden kleine Kunststoffnetze mit Bonsai-Draht befestigt. Damit der Baum mit seinem reduzierten Wurzelballen nach dem Umtopfen einen sicheren Halt in der Schale hat, wird ein Fixierungsdraht von unten durch die Schalenlöcher geführt (Bild 2). Ein Hügel aus gröberer Bonsai-Erde wird als Dränage in die Schale gefüllt (Bild 3). Der Hügel sollte so hoch sein, dass von vorne betrachtet der Wurzelhals knapp oberhalb der Schalenkante zu sehen ist. Auf diesen Hügel setzt man den Wurzelballen mit leicht drehenden Bewegungen auf und legt den Fixierungsdraht über den Wurzelballen (Bild 4), dessen Enden fest miteinander verdreht werden.

Die trockene Bonsai-Erde wird eingefüllt und mit einem Holzstäbchen zwischen die Wurzeln gestochert (Bild 5). Wichtig ist dabei, dass alle Hohlräume im Wurzelballen mit Erde ausgefüllt sind und alle Wurzeln damit direkten Kontakt zu den Erdteilchen bekommen. Nicht aufgefüllte Hohlräume sind ein Herd für Wurzelfäule.

Zum Schluss wird feine Deckerde aufgelegt (Bild 6), die Oberfläche glatt gestrichen und der Bonsai gut angegossen. Es muss so lange gegossen werden, bis überschüssiges Gießwasser durch die Abzugslöcher ausfließt. Für ein schöneres Aussehen und als zusätzlicher Feuchtigkeitsspeicher können flache Moospolster auf die Erdoberfläche aufgelegt werden. Geeignetes Moos findet man an sonnigen Stellen, zum Beispiel auf großen Steinen. Ungeeignet ist hingegen im Wald gesammeltes Moos, weil diese Moosarten nur im feuchten Schatten wachsen können. In den nächsten vier Wochen wird der Bonsai wind- und sonnengeschützt aufgestellt und nicht gedüngt. Sobald neues oberirdisches Wachstum deutlich erkennbar ist, wird der Bonsai an seinen gewohnten Standort gestellt und kann auch wieder gedüngt werden.

Einpflanzen

1

Der Wurzelballen ist nun für das Eintopfen vorbereitet.

2

Über den Abzugslöchern werden Kunststoffsiebe fixiert.

3

Grobe Erde wird als Dränageschicht eingefüllt.

4

Nun können die Fixierungsdrähte über den Ballen gelegt werden.

5

In alle Wurzelzwischenräume wird Pflanzerde gestochert.

6

Eine dünne Schicht aus feiner Deckerde wird aufgelegt.

Krankheiten und Schädlinge

Die weitaus häufigsten Krankheiten an Bonsai lassen sich auf unsachgemäße Pflege und einen falschen Standort zurückführen. Wird beispielsweise bei einigen Baumarten ein zu sonniger Standort gewählt, kommt es zu Verbrennungen an den Blättern. Ist ein erheblicher Anteil der Blätter verbrannt, wird der Baum durch den Mangel an Fotosyntheseprodukten unter Umständen schwer geschädigt und damit anfällig für Schädlinge.

Ein anderes, weitaus gefährlicheres Problem stellt die Staunässe dar. Immer wenn überschüssiges Gießwasser nicht ungehindert abfließen kann, kommt es zu einer starken Schädigung des Wurzelballens. Je nachdem, wie groß der Anteil an abgestorbenen Wurzeln ist, kann Staunässe zum Absterben des gesamten Bonsai führen.

Bei der Bekämpfung von Schädlingen und Krankheiten sollte man immer das richtige Augenmaß haben. Greifen Sie nicht nur auf den bloßen Verdacht hin zur Giftspritze. Dem Laien steht eine ganze Reihe sogenannter Hausmittel zur Verfügung, die in ihrer Anwendung nicht gefährlich und bei richtigem Gebrauch aber durchaus wirksam sind. Der Einsatz von Giften muss immer dem Fachmann überlassen werden. Schon oft hat die sorglose Anwendung von Pflanzengiften zu nicht unerheblichen Gesundheitsschäden bei Menschen und Haustieren geführt. Sollten sich die Hausmittel als nicht ausreichend wirksam erweisen, suchen Sie das nächste Gartenfachgeschäft oder den nächsten Bonsai-Fachhändler auf und lassen Sie den Bonsai von diesen Fachleuten behandeln. Der Ansatz der Lösungen und deren Einsatz muss streng nach der Gebrauchsanweisung der Mittel durchgeführt werden. Bei der Anwendung aller Präparate sollte man als Vorsichtsmaßnahme Gummihandschuhe tragen.

Pilzerkrankungen

Der Mehltau befällt gern Eichen- und Buchenblätter. Er bildet einen weißlichen Überzug auf der Ober- oder Unterseite der Blätter.

Rostpilze bilden sowohl auf Blättern als auch auf Zweigen mehr oder weniger lange Pusteln, aus denen rostbraune bis schwarze Sporen hervortreten.

Ahornblätter werden häufig von der Teerfleckenkrankheit befallen. Man sieht ein bis zwei Zentimeter große, schwarze Flecken, häufig mit weißen Rändern, auf den Blättern.

Kirschen haben oft löchrige Blätter, was von der Schrotschusskrankheit hervorgerufen wird. Die bräunlichen Flecken auf den Blättern trocknen ein

Von Rostpilzen befallene Blätter werden entfernt und verbrannt.

Der Befall der Wurzeln mit Wurzelläusen kann den Baum kümmern lassen.

Massnahmen gegen Pilzerkrankungen

In jedem Gartencenter findet man Präparate auf Kupfer- und Schwefelbasis gegen Pilzerkrankungen. Auch diese Präparate sind, wie alle Pflanzenschutzmittel, streng nach der Gebrauchsvorschrift anzuwenden. Pilzerkrankungen sind oft Folgeerscheinungen eines Befalls von saugenden Insekten. Deshalb sollte man diese immer gleichzeitig mitbekämpfen.
Eine richtige Düngung und regelmäßige Pflege dienen der Gesundherhaltung des Bonsai und sind die beste Vorbeugung gegen Krankheiten und Schädlinge.

Die Raupen des Kiefernspanners fressen in kurzer Zeit einen ganzen Baum kahl.

und fallen später aus. Im Frühjahr werden bis Ende Mai manchmal die jungen Blätter von Kiefern braun und fallen ab. Das deutet auf den Befall mit Kiefernschütte hin. Bei genauem Hinsehen erkennt man, dass die Blätter am Blattstiel häufig noch grün sind.

Schädlinge

Angefressene oder sogar skelettierte Blätter sind von Raupen befallen. Ein untrügliches Zeichen sind kleine schwarze Kothäufchen auf darunter liegenden Blättern.
Sägemehl in der Nähe des Stammfußes und kleine Löcher in der Rinde deuten auf den Borkenkäfer hin.
Blattläuse sind kleine grüne oder schwarze, meist flügellose Insekten, die hauptsächlich an jungen Pflanzenteilen Saft saugen. Häufig entdeckt man Blattläuse anhand ihrer zuckerhaltigen Ausscheidungen, die die Blätter mit einem klebrigen Überzug bedecken und auf denen sich schwarze Rußtaupilze ansiedeln. Bei starkem Befall krümmen sich die jungen Pflanzenteile und werden braun.
Wollläuse schützen sich unter einer Kappe aus einem watteartigen Gespinst, während sich Schildläuse unter einem festen Schild verbergen. Die Schäden an den Bonsai sind ähnlich wie bei Blattlausbefall.
Spinnmilben (auch Rote Spinne genannt) befallen die Blätter. Man findet zunächst weiße bis gelbliche Flecken, später verfärbt sich das ganze Blatt graubraun.

Vor allem an den Spitzen junger Triebe findet man die ersten Blattläuse.

Spinnmilben erkennt man an den feinen Gespinsten in den Trieben.

Befall einer Eichenknospe durch die Gallwespe

Ein Ahornblatt mit Gallwespenbefall

In den Blattachseln zeigen sich feine Gespinste. Leicht kann man sie mit einem weißen Blatt Papier diagnostizieren. Die kleinen Tierchen, auf das Blatt Papier geschüttelt, sehen wie Paprikapulver aus.

Die Weiße Fliege findet man auf den Blattunterseiten. Die kleinen Tiere fliegen bei Berührung des Baums auf und sehen wie weißer Puder aus. Sowohl die erwachsenen Tiere als auch deren Larven ernähren sich durch Aussaugen der in den Blättern befindlichen Leitungsbahnen. Die Blätter werden frühzeitig gelb und fallen ab.

Sogenannte Gallen sind durch Larven von Gallmücken ausgelöste Neubildungen an Blättern oder Knospen. Die weibliche Gallmücke legt ein Ei in das Blatt oder die Knospe und die schlüpfende Larve sondert ein Hormon ab, das die Pflanze zwingt, eine Behausung zu schaffen. In dieser lebt die Larve von dem Gewebe und verpuppt sich im Herbst in der Galle. Aus den herabgefallenen Gallen schlüpfen dann im Frühjahr die erwachsenen Tiere und der Kreislauf beginnt erneut. Abhilfe schafft man hier durch Absammeln von befallenen Blättern während der Wachstumszeit.

Massnahmen gegen Insekten

- **Absammeln:** *Größere Tiere, wie zum Beispiel Raupen oder Schnecken, werden einfach abgesammelt.*
- **Beißende Brennnesselbrühe:** *1 kg frische Brennnesseln in 10 l kaltem Wasser 24 Stunden ziehen lassen. Abgeseiht wird die Brühe gegen Blattläuse eingesetzt.*
- **Farnkrautbrühe:** *1 kg frisches Wurm- oder Adlerfarnkraut in 10 l kaltem Wasser für 24 Stunden ansetzen. Abgeseiht wirkt die Brühe gegen Schild-, Schmier- und Blutläuse.*
- **Wermutbrühe:** *30 g trockenes Wermutkraut wird mit 10 l Wasser für 24 Stunden angesetzt. Abgeseiht wirkt diese Brühe gegen Läuse, Raupen und Ameisen.*
- **Pyrethrumpräparate:** *Sie werden aus bestimmten Chrysanthemen gewonnen und wirken gegen alle schädlichen Insekten.*
- **Nützlinge:** *Marienkäfer, Ohrwürmer und Florfliegen sind sowohl als Jungtiere wie auch als erwachsene Tiere ausgesprochen nützlich. Sie beseitigen mit großem Appetit erhebliche Mengen an Blattläusen, aber auch Blattflöhe und Wollläuse werden von ihnen gefressen. Zusätzlich wird in größeren Gartencentern und in Gartenfachgeschäften eine ganze Reihe von Nützlingen gegen die verschiedensten tierischen Schädlinge angeboten. Auch die Larven verschiedener Schwebfliegen sind gute Blattlausvernichter. So verzehrt eine einzige Larve in ein bis zwei Wochen bis zu 700 Blattläuse.*

Porträts

Europäische Kandidaten für Bonsai

Fast jede verholzende Pflanze lässt sich zum Bonsai gestalten. Entsprechend werden neben den traditionellen asiatischen Baumarten seit vielen Jahren auch europäische Baum- und Straucharten mit großem Erfolg gestaltet. Auf den nächsten Seiten finden Sie eine Auswahl mitteleuropäischer Gehölze, die für Bonsai geeignet sind. Natürlich gibt es noch weitere geeignete Arten, als hier vorgestellt sind.

Informationen zu den Pflanzenbeschreibungen

Die Auswahl ist so erfolgt, dass die allgemeinen Pflege- und Gestaltungshinweise auf ähnliche Pflanzenarten übertragen werden können. Normalerweise werden zwar die Arten in ihrer Bonsai-Eignung besprochen, aber von vielen Gehölzen können Sie in Gartencentern und Baumschulen auch sehr gut zu gestaltende Zuchtformen finden. Die wissenschaftlichen Namen der Zuchtformen leiten sich von denen der Arten ab, sind aber durch Sortennamen erweitert. Die Pflegemaßnahmen und Gestaltungsempfehlungen dieser Zuchtformen sind normalerweise wie bei den jeweiligen Arten anzuwenden. Bei jeder Beschreibung finden Sie neben dem botanischen Namen auch den gebräuchlichen deutschen Namen. Eine Kurzbeschreibung der Artmerkmale hilft Ihnen,

Mit dem gespaltenen Stamm erzeugt der Gestalter den Eindruck eines sehr alten, sturmerprobten Baumveteranen.

die Pflanze in der freien Natur wiederzufinden. Neben Hinweisen zu Pflege, Formgebung und Formerhaltung erhalten Sie auch Informationen über den richtigen Standort, die Überwinterungsmöglichkeiten, wann gegossen und gedüngt werden muss, was beim Umtopfen beachtet werden muss und den günstigsten Zeitraum zum Drahten.

Da die Klimabedingungen und die Jahreszeitverläufe in den Regionen Europas variieren, beziehen sich die Angaben auf die Normalbedingungen Mitteleuropas. Entsprechend verzögern sich in kälteren Regionen die Pflegemaßnahmen, während sie in wärmeren Regionen früher durchgeführt werden müssen.

Aus einem sehr alten Schnittflieder wurde ein imposanter Bonsai gestaltet.

Der richtige Standort

Wichtig: Alle hier vorgestellten Gehölzarten sind nur als Freiland-Bonsai (Balkon, Terrasse oder Garten) geeignet. Bei dem Versuch ihrer Pflege im Zimmer werden die Pflanzen früher oder später sterben. Spätestens, wenn der Winter kommt, werden die Bäume im Zimmer schwer geschädigt, da ihnen die Winterruhe vorenthalten wird. Sie dürfen die Bäume ausschließlich in der Wachstumszeit und dann höchstens für zwei bis drei Tage im Zimmer aufstellen.

Aus verschieden alten und dicken Hänge-Birken wurde hier ein kleiner, natürlich wirkender Wald geformt.

Feld-Ahorn *Acer campestre*

In der Jugend erscheint dieser kleine bis mittelgroße Baum meist strauchartig. Nach vielen Jahren wird er reich verzweigt, mit rundlicher Krone und normalerweise 10 bis 15 m hoch. Die Borke ist durch Längs- und Querrisse rechteckig gefeldert, grau bis schwarzgrau und schwach abschuppend. Die jungen Zweige sind olivgrün bis rotbraun, zunächst fein behaart, später verkahlend und längsrissig. Auffällig sind auch die längs des Triebes verlaufenden Korkstreifen, die sich später zurückbilden.

Die Laubblätter sind gegenständig, 5 bis 8 cm lang, 5 bis 10 cm breit und in drei bis fünf Lappen buchtig unterteilt. Die Blattstiele sind oft rötlich gefärbt. Bei Verletzung tritt aus den Blattstielen ein weißer Milchsaft aus. Die Herbstfärbung beginnt mit goldgelben oder bronzefarbenen Flecken und endet intensiv gelb bis goldgelb.

Die grüngelben Blüten erscheinen im Mai und bilden 10- bis 20-blütige Doldenrispen. Die Früchte stehen immer zu zweit beieinander und bilden dabei zueinander einen Winkel von 180 Grad.

Insgesamt ist der Feld-Ahorn gut schnittverträglich, was ihn zu einem guten Bonsai-Kandidaten werden lässt.

Standort: Vollsonnig. Im Winter ab –5 °C den Wurzelballen gegen Durchfrieren schützen. Bei tieferen Frosttemperaturen windgeschützt aufstellen.

Giessen: Der Wurzelballen sollte immer gleichmäßig feucht gehalten werden. Vor allem Ballentrockenheit, aber auch Staunässe werden schlecht vertragen.

Düngen: Nach dem Austrieb wird bis zum Beginn der Herbstfärbung alle vier Wochen organischer Kugeldünger verabreicht. Im Winter nicht düngen!

Umtopfen: Alle zwei Jahre im Frühjahr wird mit einem mäßigen Wurzelschnitt umgetopft. Da der Feld-Ahorn ein Flachwurzler ist, werden beim Wurzelschnitt in erster Linie die dicken Wurzeln innerhalb des Ballens eingekürzt. Ziel ist ein gut strukturierter Wurzelballen mit feinen Wurzeln. Eine Erdmischung aus Akadama und Humus 2:1 verwenden.

Schneiden: Da junge Bäume eher Strauchgestalt annehmen, muss durch gezielte Auswahl der Äste eine Baumgestalt erzogen werden. Sollen verbleibende Äste und der Stamm noch an Dicke gewinnen, lässt man den Austrieb auf zehn bis zwölf Blattpaare auswachsen und schneidet dann auf ein bis drei Blattpaare zurück. Ansonsten schneidet man vor dem Austrieb im Frühjahr möglichst stark zurück, da beim Feld-Ahorn mit einem relativ starken Zuwachs zu rechnen ist. Um eine feine Verzweigung zu erzielen, lässt man den Austrieb auf sechs bis acht Blattpaare heranwachsen und schneidet dann auf ein bis zwei Blattpaare zurück. Der nun heranwachsende Neuaustrieb wird pinziert. Man zupft hierbei, sobald sich das erste Blattpaar zu entfalten beginnt, zwischen dem Blattpaar die Triebspitze heraus. Nun wird das Längenwachstum gestoppt und wir erhalten kurze Blattabstände. Bei bereits ausgereiften Bonsai beginnt man mit dem Pinzieren schon bei dem Erstaustrieb.

Müssen dickere Äste entfernt werden, geschieht das entweder Anfang Februar oder im Frühsommer. Der spätere Termin hat den Vorteil, dass die Wunden durch die starken Wachstumsaktivitäten relativ schnell verheilen.

Drahten: Noch junge Äste und Zweige sind gut zu drahten. Sobald sich die Rinde der jungen Triebe zu verfärben beginnt, können sie gedrahtet werden. Da der Feld-Ahorn ein recht hartes Holz ausbildet, sind dagegen dickere Äste oder der Stamm häufig nicht mehr biegbar und damit durch Draht kaum in ihrer Form korrigierbar. Mit Spanndrähten ist jedoch noch eine Korrektur möglich.

Eine kleine Baumgruppe aus Feld-Ahorn in einer länglich ovalen Schale. Hier ist zu beachten, dass die Gruppe außerhalb der Schalenmitte platziert wurde. So wird ein natürlicheres Bild erzeugt.

Rosskastanie *Aesculus hippocastanum*

In Mitteleuropa ist die Rosskastanie erst seit Ende des 16. Jahrhunderts anzutreffen. Ursprünglich bildete sie in den Gebirgen Nordgriechenlands, Bulgariens und Albaniens Wälder. Über das heutige Istanbul kam sie 1567 nach Wien und von dort nach ganz Mitteleuropa, wo sie als mächtiger Zier- und Alleebaum geschätzt wird. Der asymmetrische, breitkronige Baum mit häufig überhängenden Ästen wird bis 25 m hoch. Die dunkelgraue Borke blättert in großen Stücken ab. Die Triebe sind kahl, gelblich braun bis rötlich braungrau und meist glänzend. Auffällig sind die eiförmigen, besonders zum Ende des Winters hin stark klebenden Endknospen. Die Laubblätter sind im Austrieb dicht mit braunen Härchen versehen, fingerförmig gefiedert und 10 bis 20 cm lang. Die fünf bis sieben Fieder laufen in einer Spitze aus und die Mittelrippe der einzelnen Blättchen bildet eine deutliche Rinne. Die Blüten sind endständige, aufrecht stehende Blütenrispen von bis zu 30 cm Länge. Interessant ist, dass man in einem Blütenstand sowohl Zwitterblüten mit beiden Geschlechtern als auch rein weibliche und rein männliche Blüten findet. Die Botaniker nennen dieses Phänomen „vielehig“. Im September/Oktober reifen zwei bis drei glänzend dunkelbraune Samen in der grünen, stacheligen Frucht.

STANDORT: Vollsonnig bis halbschattig, der Bonsai sollte vor Spätfrösten im Vorfrühling geschützt werden. Im Winter ab –5 °C den Wurzelballen gegen Durchfrieren schützen.

GIESSEN: Das Erdreich immer gleichmäßig feucht halten. Nach Möglichkeit mit Regenwasser gießen, da zu hohe Salzkonzentrationen im Boden zu einem Braunwerden der Blattränder führen können.

DÜNGEN: Nach dem Austrieb beginnen wir mit einer Versorgung mit organischem Kugeldünger. Vom Frühsommer an reichen wir für ein gute Blütenbildung und zur Unterstützung der Aushärtung für den Winter einen Phosphor-Kali-betonten Mineraldünger. Im Winter nicht düngen!

UMTOPFEN: Junge Bäume bis etwa zehn Jahre werden jedes Jahr umgetopt, wobei in dieser Zeit der Wurzelballen durch den Schnitt bonsaispezifisch aufgebaut werden sollte. Reifere Bäume werden alle zwei bis drei Jahre mit einem Wurzelschnitt entweder kurz vor dem Austrieb oder nach der Blüte umgetopft. Eine Erdmischung aus Akadama und Humus 2:1 verwenden.

SCHNEIDEN: Die Rosskastanie eignet sich wegen der großen Blätter nur für relativ große Bonsai. Legt man keinen Wert auf Blüten und Früchte, entfernt man die großen Spitzenknospen vor dem Austrieb. Aus den kleineren Nebenknospen wachsen normalerweise kürzere Triebe mit kleineren Blättern. Diese Methode wendet man gerade bei jungen Bäumen an, die noch zum Bonsai erzogen werden sollen. Erst wenn der Bonsai einigermaßen ausgereift ist, lässt man auch einzelne Blüten zu. Den Austrieb lässt man auf fünf bis sechs Blätter heranwachsen und schneidet dann auf zwei bis drei Blätter zurück. Da die Blätter so groß sind, kann man bei einem gesunden und gut versorgten Baum auch einen Blattschnitt Ende Juni durchführen. Wird gleichzeitig nicht allzu stickstoffreich gedüngt, kann man bei dem nachfolgenden Neuaustrieb mit kleineren Blättern rechnen.

DRAHTEN: Gedrahtet werden noch biegsame Äste im Mai/Juni. Junge Triebe drahtet man, wenn die Rinde sich zu verfärben beginnt. Wegen des Dickenwachstumsschubs im Juni muss man darauf achten, dass der Draht nicht einzuwachsen beginnt. Sollte der Draht wegen Eindrückens entfernt werden müssen, die beabsichtigte Korrektur aber noch nicht stabil sein, muss neu gedrahtet werden.

Aus Rosskastanien kann man wegen der doch recht großen, zusammengesetzten Blätter nur größere Bonsai gestalten.

Schwarz-Erle *Alnus glutinosa*

Erlen lieben einen feuchten Standort, kommen aber auch recht gut mit trockeneren Böden zurecht, werden hier allerdings nicht so groß. Die Schwarz-Erle wird in den europäischen Auenwäldern ein bis zu 30 m hoher Baum und verträgt seinem natürlichen Standort entsprechend ohne weiteres periodische Staunässe. Der meist einstämmige, locker verzweigte Baum hat einen bis weit in die pyramidale Krone hinaufreichenden, geraden Stamm, wobei die Krone meist recht locker bleibt. Vielfach wachsen die Erlen aber auch aus Stockausschlägen mehrstämmig heran und erinnern dann eher an große Sträucher.
Junge Zweige sind olivgrün und fühlen sich klebrig an. Später werden die Triebe dann grünlich braun und glänzend mit zahlreichen gelblich-bräunlichen Lentizellen (Poren, Korkwarzen). Ältere Stämme haben eine dunkelgraue bis schwarze, zerklüftete und längsrissige Borke, die zum Teil weißlich überkrustet ist. Die wechselständigen, verkehrt eiförmigen Blätter sind 4 bis 9 cm lang und ebenso breit, an der Spitze gestutzt, stumpf oder ausgerandet. Der Blattrand ist unregelmäßig gezähnt und auch seicht gelappt. Die Blätter bleiben bis zum Frost grün.
Die männlichen Kätzchen werden schon im Vorjahr angelegt, erblühen aber erst vor der Laubentfaltung im nächsten Frühjahr und hängen dann lang herunter. Zu jedem Tragblatt gehören drei Blüten mit jeweils vierteiligem Kelch. Die weiblichen Kätzchen entwickeln sich in den Blattachseln, sind endständig und recht kurz. Hier finden wir an jedem Tragblatt nur zwei Blüten ohne Kelch. Die Tragblätter der weiblichen Blüten vergrößern sich nach der Befruchtung weiter, verholzen und bilden die typischen zapfenartigen Fruchtstände, in denen sich die kleinen, geflügelten Nüsschen befinden.

STANDORT: Vollsonnig bis halbschattig. Vor allem im Winter vor starken Winden und ab –5 °C den Wurzelballen gegen Durchfrieren schützen.

GIESSEN: Der Wurzelballen sollte immer gleichmäßig feucht gehalten werden. Ballentrockenheit ist auf jeden Fall zu vermeiden. Da die Schwarz-Erle an ein Leben in feuchten Böden angepasst ist, hat sie einen hohen Wasserbedarf. Das Wasser sollte kalkarm bis kalkfrei sein.

DÜNGEN: Normalerweise lebt die Schwarz-Erle mit Wurzelbakterien in Symbiose, die sie mit dem notwendigen Stickstoff versorgen. Die Wurzelbakterien befinden sich in bis zu 5 cm großen, korallenartigen Knollen. Daher verwendet man vom Austrieb bis zum Herbst einen stickstoffarmen Dünger. Im Winter nicht düngen!

UMTOPFEN: Alle zwei bis drei Jahre erfolgt im Frühjahr ein mäßiger Wurzelschnitt. Eine Erdmischung aus Akadama und Humus 2:1 verwenden.

SCHNEIDEN: Den ersten Austrieb lässt man auf acht bis zehn Blätter heranwachsen und schneidet dann auf zwei bis drei Blätter zurück. Der nachfolgende Austrieb wird bei sechs bis acht Blättern auf ein bis zwei Blätter eingekürzt. Mit ein bis zwei Blattschnitten in der Wachstumszeit erreicht man eine bessere Verzweigung, aber keine Verringerung der Blattgröße.
Müssen dickere Äste entfernt werden, sollte das am besten im späten Frühjahr geschehen. Größere Schnittwunden aus dem Herbst oder Winter verheilen nur sehr schlecht.

DRAHTEN: Ältere, noch biegbare Äste werden kurz vor dem Austrieb gedrahtet. Jüngere Triebe kann man bereits drahten, wenn sie auszuhärten beginnen. Da im Juni/Juli noch einmal ein Schub an Dickenwachstum stattfindet, muss in dieser Zeit der eingedrahtete Baumteil aufmerksam beobachtet werden und der Draht bei Bedarf entfernt werden.

Eine Schwarz-Erle in frei aufrechter Form. Der Gestalter hat hier erfolgreich die natürliche Wuchsform nachgeahmt.

Hänge-Birke *Betula pendula*

Die Gemeine Hänge- oder Sand-Birke gehört zu den Erstbesiedlern einer Brachfläche von Mitteleuropa bis hinauf nach Lappland. Charakteristisch für diesen 10 bis 25 m hohen Baum ist die weiße, sich abrollende Rinde. An der Basis älterer Bäume finden wir eine schwarz gefurchte, netzig längsrissige Borke.

Die braun bis bronzefarben glänzenden jungen Zweige sind dicht mit Korkwarzen besetzt. Ihren Namen Hänge-Birke erhielt sie durch die langen, mehr oder weniger hängenden Zweige, die oft sogar fadenförmig erscheinen.

Die 4 bis 7 cm langen Laubblätter sind rautenförmig, mit lang ausgezogener Spitze und regelmäßig doppelt gesägt. Im Herbst färbt sich das Laub meist hellgelb.

Die männlichen Kätzchen entstehen im Vorjahr an den Spitzen von Langtrieben, überwintern nackt und hängen während der Blütezeit locker herab. Durch die winterliche Kälte reifen die Pollensäcke erst aus und können so im Frühjahr eine große Anzahl von Pollen durch den Wind verbreiten. Die weiblichen Kätzchen erscheinen erst im Frühjahr an der Spitze beblätterter Kurztriebe und stehen aufrecht. Das reifende Kätzchen hängt herab und entwickelt viele dünnhäutig geflügelte Nüsschen.

Profi Tipp von mein schöner Garten

Leicht wird die Hänge-Birke mit der Moor-Birke (*Betula pubescens*) verwechselt. Ein wichtiges Unterscheidungsmerkmal sind die jungen Triebe, die bei der Moor-Birke dunkel, ohne Harzdrüsen und fein behaart sind. Darüber hinaus ist die Rinde gelblich bis grauweiß und quer abrollend.

STANDORT: Vollsonnig bis halbschattig, da nur bei ausreichender Sonnenbestrahlung der weiße Stamm entsteht. Im Winter ab –5 °C sollte man den Wurzelballen gegen Durchfrieren schützen.

GIESSEN: Der Wasserbedarf ist relativ hoch, weshalb die Erde immer feucht sein sollte. Gleichzeitig muss aber überschüssiges Gießwasser gut ablaufen können. Sowohl auf Ballentrockenheit als auch auf Staunässe reagiert die Birke mit Laubabwurf.

DÜNGEN: Mit dem Düngen beginnt man nach dem Laubaustrieb und endet im Herbst. Da die Birke einen sehr hohen Nährsalzbedarf hat, muss sie alle drei bis vier Wochen mit einem ausgewogenen Dünger versorgt werden. Im Winter nicht düngen!

UMTOPFEN: Wegen des starken Wurzelwachstums muss spätestens alle zwei Jahr umgetopft werden, sonst können die reichlich vorhandenen Wurzeln die Bonsai-Schale regelrecht auseinander sprengen. Da der Wurzelballen nach dem Wurzelschnitt keine Spätfröste mehr verträgt, wird erst unmittelbar vor dem Austrieb ein Wurzelschnitt gemacht. Eine Erdmischung aus Akadama und Humus 2:1 verwenden.

SCHNEIDEN: Beim Formschnitt im Frühjahr ist darauf zu achten, dass die Krone nicht zu dicht bleibt. Der Neuaustrieb wird bei zehn bis zwölf Blättern auf zwei bis drei Blätter zurückgeschnitten. Jeder weitere Austrieb wird bei sechs bis acht Blättern auf ein bis zwei Blätter eingekürzt. Da die Birke keine Gerbstoffe zur Infektionsabwehr bildet, sollten grundsätzlich alle Schnitte ab Bleistiftdicke mit einem Wundverschlussmittel abgedeckt werden.

DRAHTEN: Gedrahtet werden kann nach dem Austrieb. Man beginnt mit den bereits vorhandenen Trieben und drahtet die jungen Triebe erst dann, wenn sie auszuhärten beginnen. Da der Dickenzuwachs recht schnell erfolgen kann, wächst der Draht manchmal schon nach wenigen Wochen ein. Bei Bedarf muss der Draht schnell entfernt werden. Im Winter sollte kein Draht mehr an der Birke sein, da dieser als Kältebrücke dient und zum Absterben von Trieben führen kann.

Auch in der freien Natur kommt die Hänge-Birke häufig als Doppelstamm vor. Die Birkenpilze helfen dem Baum gesund zu bleiben.

Hainbuche *Carpinus betulus*

Die Hainbuche ist von Frankreich bis Südrussland, sowohl im Tiefland als auch in Höhen bis 1 000 m weit verbreitet. Alle *Carpinus*-Arten sind sommergrün und weitgehend winterhart. Der häufig gebogene Stamm der bis zu 25 m hohen Hainbuche besteht aus sehr hartem, wenig biegsamem Holz. Die graubraune bis dunkelgraue Borke ist häufig auch im Alter glatt und zeigt ein längs verlaufendes Netzmuster. Im Alter zeigt der Stamm erhabene Rippen. Die Botaniker nennen dieses Phänomen „spannrückig".
Die Laubblätter haben eine länglich-elliptische Spreite, sind 5 bis 10 cm lang, längs der Blattadern gefaltet und doppelt gesägt. Die männlichen Kätzchen entspringen aus Kurztrieben seitenständiger Knospen vorjähriger Zweige, nachdem sie unter Knospenschuppen überwintert haben. Die weiblichen Kätzchen entstehen an jungen Langtrieben. Die Bestäubung findet mit Hilfe des Windes statt. An den Fruchtständen entwickeln sich Nüsschen mit einem dreilappigen Flugorgan.

STANDORT: Halbschattig bis vollsonnig. Vor allem im Frühjahr ist ein Schutz vor starkem Wind nötig, da sonst die Blattränder braun werden können. Im Winter ab –5 °C den Wurzelballen gegen Durchfrieren schützen.

GIESSEN: Der Wurzelballen sollte wenigstens mäßig feucht gehalten werden. Wasser mit einem geringen Kalkgehalt ist bevorzugt zu verwenden, da der Salzgehalt des Bodens nicht zu hoch sein darf. Der Boden darf nicht zu sandhaltig sein.

DÜNGEN: Nach dem Austrieb beginnen wir die Hainbuche mit organischem Kugeldünger zu versorgen. Die Düngekugeln werden alle vier Wochen erneuert. Reste der alten Düngekugeln sollten vorher entfernt werden. Ende September wird die letzte Düngergabe gereicht. Im Winter nicht düngen!

UMTOPFEN: Die Hainbuche verträgt einen kräftigen Wurzelschnitt recht gut, der alle zwei bis drei Jahre vor dem Austrieb erfolgen sollte. Eine Erdmischung aus Akadama und Humus 2:1 verwenden.

SCHNEIDEN: Wie ihre häufige Verwendung als Heckenpflanze schon zeigt, ist die Hainbuche gut schnittverträglich. Selbst nach einem stärkeren Rückschnitt ins alte Holz treibt sie willig aus schlafenden Augen aus. Für die Gestaltung nicht notwendige, dickere Äste werden im späten Frühjahr entfernt. Vor dem Austrieb werden auch alle überlangen Triebe zurückgeschnitten. Sehr große Spitzenknospen können im zeitigen Frühjahr herausgebrochen werden. Den Frühjahrsaustrieb lässt man auf acht bis zehn Blätter wachsen und kürzt dann auf zwei bis drei Blätter ein. Soll ein Ast schneller dick werden, lässt man die daran befindlichen Triebe länger wachsen und schneidet dann stark zurück. Jeder weitere Neuaustrieb wird bei fünf bis sechs Blättern auf zwei Blätter zurückgenommen.

DRAHTEN: Bis zweijährige Zweige lassen sich meist noch gut mit Draht formen. Ältere Triebe kann man zwar auch noch drahten, der Draht wächst aber vor allem im Sommer schnell ein und muss dann entfernt werden. Beim Drahten sollte man wie bei allen glattborkigen Arten sehr vorsichtig vorgehen. Schnell wird die Rinde beim Drahten verletzt, was zu unschönen Narben führen kann.

Profi Tipp von mein schöner Garten

Der Name Hainbuche ist irreführend, da diese Gattung zu den Birkengewächsen gehört und mit den Buchen nicht verwandt ist. An der Namensgebung war sicherlich die glatte, an Buchen erinnernde Borke beteiligt. Ihr anderer deutscher Name, Weißbuche, deutet auf das vom Splint bis zum Kern weiße Holz hin. Im Gegensatz dazu ist das Holz der echten Buche rötlich, woher auch der Name Rot-Buche kommt.

Die Hainbuche wächst in der Natur häufig als Mehrfachstamm. Ungewöhnlich, aber gelungen gestaltet, ist sicherlich auch der Wurzelansatz.

Kornelkirsche *Cornus mas*

Die Kornelkirsche gehört mit ihrer Blütezeit im März und April zu unseren ersten Blütengehölzen. Manchmal öffnen sich ihre Knospen bei milder Witterung bereits im Februar. Die kugeligen, wenigblütigen Dolden aus kleinen gelben Blüten erscheinen meist an Kurztrieben aus dem Vorjahr.

Da die Blätter gegenständig angeordnet sind, wächst die Kornelkirsche als sparrig verzweigter, 3 bis 6 m hoher Strauch mit überhängenden Zweigen und graubrauner, schuppig abblätternder Borke. Die jungen Triebe sind fein graugrünlich behaart und werden je nach Stellung zur Sonne olivgrün oder rotbraun. Die mit 5 bis 10 cm recht langen, keilförmigen, mit bogig aufsteigenden Seitenadern versehenen Blätter lassen sich in der Bonsai-Kultur recht gut verkleinern.

Die dicken, runden Blütenknospen entstehen bereits im Spätsommer an den Spitzen unterschiedlich langer Seitentriebe. Aus jeder Knospe entfalten sich im Frühjahr mehrere gelbe Blüten. Nach der Befruchtung entwickeln sich 2 cm lange, scharlachrote, saftreiche Steinfrüchte. Die Früchte verbleiben häufig auch noch nach dem Laubfall an der Pflanze und stellen so einen Farbtupfer am laublosen Bonsai dar.

STANDORT: Vollsonnig bis halbschattig, im Hochsommer vor zu praller Sonneneinstrahlung schützen. Steht der Baum zu schattig, blüht er im nächsten Jahr weniger reich. Im Win-ter ab -5 °C den Wurzelballen gegen Durchfrieren und die oberirdischen Teile vor kalten Winden schützen.

GIESSEN: Die Erde sollte immer gleichmäßig feucht gehalten werden. Sowohl Ballentrockenheit als auch Staunässe werden schlecht vertragen. Nach Möglichkeit mit Regenwasser oder kalkarmen Leitungswasser gießen.

DÜNGEN: Nach der Blüte gibt man organischen Kugeldünger. Alle vier bis sechs Wochen werden die Reste der ausgelaugten Düngekugeln entfernt und durch frische ersetzt. Man kann aber auch vom Frühsommer an alle drei Wochen einen Phosphor-Kali-betonten Mineraldünger geben. Im Frühherbst wird zum letzten Mal eine Düngegabe gereicht. Im Winter nicht düngen!

UMTOPFEN: Alle zwei Jahre nach der Blüte wird mit einem Wurzelschnitt umgetopft. Eine Erdmischung aus Akadama und Humus 2:1 verwenden.

SCHNEIDEN: Nach der Blüte wird die Form überarbeitet. Alle überlangen Triebe werden auf wenige Augen zurückgeschnitten. Nun können auch dickere Äste, die die Form stören, entfernt werden. Der Austrieb sollte auf drei bis vier Blattpaare heranwachsen und dann auf ein bis zwei Blattpaare zurückgeschnitten werden. Der nachfolgende Neuaustrieb sollte bei reifen Bonsai mit Rücksicht auf die Blütenknospenbildung unbeschnitten bleiben. Das gilt vor allem für die Kurztriebe. Bei Bonsai in der Erziehungsphase können auch diese Triebe auf ein bis zwei Blattpaare zurückgeschnitten werden.

DRAHTEN: Noch junge Triebe lassen sich gut mit Draht formen, sobald sie auszuhärten beginnen. Das erkennt man recht gut an der beginnenden Umfärbung der frischen Triebe. Der wissenschaftliche Name leitet sich von dem lateinischen Wort „cornu“ für „Horn“ ab, da das Holz so hart wie Horn ist. Dickere Äste lassen sich daher nicht mehr so leicht mit Draht in der Form korrigieren und werden am besten mit Spanndrähten in Form gebracht.

Profi Tipp von

mein schöner Garten

Für den Bonsai-Freund ebenso interessant ist der ebenfalls bei uns heimische Rote Hartriegel (*Cornus sanguinea*). Besonders die Herbstfärbung in Dunkel- oder Purpurrot ist hier hervorzuheben. Die Steinfrucht ist eher kugelig, zunächst grün, verfärbt sich rot und ist bei der Reife schließlich schwarzblau gefärbt.

Die Kornelkirsche gehört zu den Bäumen, die im zeitigen Frühjahr ihre Blüten erscheinen lassen. Die Blütenknospen werden bereits im Spätsommer des Vorjahres angelegt.

Rot-Buche *Fagus sylvatica*

Die Gattung *Fagus* umfasst etwa zehn Arten, die alle auf der nördlichen Erdhalbkugel vorkommen. Im freien Stand ist die Buche bis zum Erdboden hin beastet, während sie im dichten Wald lange, nur in der Wipfelregion mit Ästen versehene Stämme ausbildet. Die Rot-Buche ist ein bis zu 30 m hoher Baum mit silbergrauer, glatter Borke und starken, überhängenden Ästen. Gerade bei jungen Bäumen hängen auch die frischen Triebe weit über. Werden die Triebe dann dicker, richten sie sich meist vollständig auf. Ein wichtiges Erkennungsmerkmal sind die spitz auslaufenden, spindelförmigen Endknospen.

Die Laubblätter sitzen an recht kurzen Stielen, sind 5 bis 10 cm lang, fast oval und am Rand charakteristisch gewellt. Junge Blätter sind anfangs seidig behaart, später oberseits glatt und glänzend, unterseits längs der Blattadern weiterhin behaart. Im Herbst verfärbt sich das Laub bräunlich gelb und verbleibt häufig bis zum Frühjahr im braunen Zustand an den Zweigen. Erst mit den aufbrechenden Achselknospen werden die vorjährigen Blätter im zeitigen Frühjahr abgeworfen.

Die weiblichen und männlichen Blüten erscheinen mit den Blättern an jungen Trieben. Die männlichen Blütenstände hängen herab und haben mit ihren 4 bis 15 gestielten Staubblättern ein zottiges Aussehen. In den weiblichen Blütenständen finden wir zwei Blüten innerhalb eines filzigen, später verholzenden Fruchtbechers. In ihm entwickeln sich meist zwei kantige, glänzend braune Nüsschen.

STANDORT: Vollsonnig bis halbschattig. Buchen können noch bei 1/60 des vollen Tageslichts gedeihen. Während des Austriebs, solange die Blätter noch nicht ausgereift sind, sollte der Standort windgeschützt sein. Die Blätter können sonst braune Ränder bekommen.

Im Winter ab –5 °C sollten Sie den Wurzelballen gegen Durchfrieren und die oberirdischen Teile vor kalten Winden und Spätfrösten schützen! Gerade gegen Spätfröste ist die Rot-Buche sehr empfindlich.

GIESSEN: Die Buche verträgt weder Ballentrockenheit noch Staunässe. Entsprechend sollte die Erde gleichmäßig feucht gehalten werden und der Boden eine gute Dränagewirkung aufweisen. Nach Möglichkeit mit Regenwasser gießen.

DÜNGEN: Der Dünger sollte einen ausreichenden Kaliumanteil haben. Mit organischem Kugeldünger wird vom Austrieb bis zum Herbst regelmäßig gedüngt, wobei die ausgelaugten Düngekugeln alle vier Wochen ausgetauscht werden sollten.

UMTOPFEN: Alle zwei Jahre umtopfen und eine Mischung aus Akadama und Humus 2:1 verwenden. Buchen vertragen sowohl leicht saure als auch alkalische Böden.

SCHNEIDEN: Erst kurz vor dem Austrieb fallen die im Herbst braun gewordenen Blätter ab. Nun kann die Form überarbeitet werden. Nach Möglichkeit lässt man oberhalb der Knospe, auf die man den Trieb zurückgesetzt hat, ein 1 cm langes Zweigstück stehen. Übergroße Spitzenknospen werden ebenfalls entfernt, wenn Nebenknospen vorhanden sind. Neue Triebe werden bei sechs bis acht Blättern auf zwei bis drei Blätter zurückgeschnitten. Der Zweitaustrieb ist häufig für die weitere Gestaltung nicht allzu gut geeignet und wird daher meist spätestens im nächsten Frühjahr ganz entfernt.

DRAHTEN: Beim Drahten kann die Rinde leicht verletzt werden. Einjährige Äste lassen sich gut mit Draht formen. Dickere Äste darf man nur sehr vorsichtig biegen. Im Juni wächst der Draht besonders schnell ein und muss daher häufig zu dieser Zeit schon wieder entfernt werden.

Die Rot-Buche hat einen elegant geschwungenen Stamm, aus dessen Biegungen sich die Äste in den Luftraum erstrecken. Die dichten Astpolster sind durch frühzeitiges Schneiden der jungen Triebe herausgearbeitet worden.

Gemeiner Wacholder *Juniperus communis*

Der Gemeine Wacholder hat eine große ökologische Bandbreite und kommt daher an den verschiedensten Standorten vor. Unter anderem ist er ein typisches Gewächs der Heidelandschaften. Da die weidenden Schafe den Wacholder als Futterpflanze meiden, die meisten Konkurrenten hingegen gern abäsen, kann sich der Wacholder hier gut durchsetzen. Der Stamm ist meist recht niedrig und nur bis zu 30 cm dick. Da der Wacholder auch unter günstigen Bedingungen im Jahr nur etwa 1 mm an Dicke zulegt, sind solche Bäume meist schon mehrere hundert Jahre alt.
Die Borke ist grau- bis rotbraun, längsstreifig und löst sich in kleinen, papierartigen Fetzen ab. Junge Triebe sind hellgrün und fast dreieckig, werden aber später braun. Die Blätter sind nadelförmig stachelspitz und stehen zu dritt beieinander. Ihre Lebensdauer beträgt drei bis vier Jahre. Häufig stehen noch einzelne Blätter an den sonst verkahlten Trieben.
Vom Gemeinen Wacholder gibt es männliche und weibliche Pflanzen. Männliche Blüten sind gelb und sitzen in großen Mengen an den Spitzen junger Triebe. Die weiblichen Blüten sind unscheinbar und grün. Der sich daraus bildende Beerenzapfen ist kugelig und zur Reife schwarzblau. Von der Befruchtung bis zur Reife braucht der Beerenzapfen zwei bis drei Jahre.

STANDORT: Vollsonnig, da Äste, die unter Lichtmangel leiden, schnell absterben und abgeworfen werden. Im Winter sollte der Wurzelballen ab –5 °C gegen Durchfrieren geschützt werden. Ansonsten ist der Gemeine Wacholder sehr winterhart.

GIESSEN: Der Wacholder verträgt zwar auch einmal eine kurzzeitige Trockenperiode, gedeiht aber am besten, wenn der Ballen gleichmäßig feucht gehalten wird. Staunässe mag er nicht.

DÜNGEN: Mit dem Austrieb beginnt das Düngen mit einem organischen Kugeldünger. Die Düngekugeln werden alle vier bis sechs Wochen durch frische Kugeln ersetzt. Ab Ende September wird kein Dünger mehr verabreicht.

UMTOPFEN: Alle zwei Jahre mit einem Wurzelschnitt im zeitigen Frühjahr, spätestens aber mit Beginn des Austriebs wird umgetopft. Eine Erdmischung aus Akadama und Humus 2:1 verwenden. Auf eine gute Dränageschicht achten.

SCHNEIDEN: Das Gestaltungsziel, dichte Laubpolster auf gut geformten Ästen zu bekommen, erreicht man, indem man mit einer feinen Schere den Neuaustrieb bei 2 bis 3 cm Länge auf ein Drittel einkürzt, wobei keine Nadeln angeschnitten werden sollten.
Soll der Ast noch an Dicke gewinnen, lässt man den Spitzentrieb länger auswachsen. Im Sommer wird der Trieb dann stark zurückgeschnitten. Müssen dickere, die Form störende Äste entfernt werden, ist die Wundheilung bei einem Rückschnitt im Frühjahr am besten. Auf jeden Fall ein Wundheilungsmittel auftragen.

DRAHTEN: Da die natürliche Wuchsform des Gemeinen Wacholder spitzwinklige Zweigansätze hat, kommt man um eine Formierung meist nicht herum. Alle Baumteile lassen sich gut drahten. Im Frühsommer eingedrahtete dickere Äste lassen sich besonders gut in Form bringen.
Junge Triebe sollten zum Drahten etwa zweijährig sein. Beim Anlegen des Drahtes achtet man nach Möglichkeit darauf, dass keine Nadeln mit eingedrahtet werden. Dann solche Nadeln sterben ab, werden braun und stören daher das Bild des Bonsai. Der Draht kann wegen des langsamen Dickenwachstums meist zwei Jahre an den Trieben verbleiben. Narben von eingedrücktem Draht verheilen nach einiger Zeit recht gut.

Ein ausgesprochen imposant gestalteter Wacholder in Kaskadenform. Die weiten entrindeten Stammbereiche vermitteln den über Jahrzehnte währenden Kampf des Baums mit den Naturgewalten.

Europäische Lärche *Larix decidua*

Die Europäische Lärche wird bis zu 50 m hoch, hat zunächst eine ebenmäßig kegelförmige, im Alter eine abgeflacht lichte Krone. Die tief gefurchte, grau- bis rotbraune Schuppenborke ist bis zu 10 cm dick. Junge Triebe sind strohgelb bis bellbraun und dicht von Nadeln umgeben. Eine Lärche kann bis zu 800 Jahre alt werden.

Das Sprosssystem ist deutlich in Lang- und Kurztriebe gegliedert. Langtriebe sind locker schraubig benadelt, während sich an Kurztrieben Rosetten mit 40 bis 50 Nadeln befinden.

Charakteristisch sind die nadelförmigen, weichen und abgeflachten Blätter. Die weichen Nadeln sind im Austrieb hellgrün, dunkeln aber nach. Im Oktober werden die Nadeln leuchtend goldgelb und fallen schließlich ab. Die Winterknospen sind etwa 2 mm groß und dunkelbraun. Die Endknospen der Triebe sind zusätzlich von Harz überzogen. Männliche und weibliche Blütenstände werden an dreijährigen Kurztrieben gebildet. Schon im Winter sind die Knospen, aus denen im Frühjahr männliche Blüten erscheinen, deutlich vergrößert eiförmig bis kugelig. Die weiblichen Blütenstände erscheinen an beblätterten Kurztrieben, sind zunächst rosa bis dunkelrot und werden später grün. Die noch im gleichen Jahr reifenden Zapfen sind schließlich rötlich braun mit der Tendenz, dunkler zu werden. Die reifen, geflügelten Samen verlassen im darauf folgenden Frühjahr den Zapfen. Die leeren Zapfen fallen erst nach fünf bis zehn Jahren gemeinsam mit dem Zweig ab, an dem sie sich befinden. Diesen natürlichen Abwurf von Zapfen tragenden Zweigen sollte man bei der Gestaltung des Bonsai mit einkalkulieren.

STANDORT: Vollsonnig, da bei Lichtmangel gerade im Frühjahr die Nadeln zu lang werden. Ist der Ballen gut gegen Durchfrieren geschützt, kann die Lärche Temperaturen bis –40 °C vollkommen unbeschadet überstehen.

GIESSEN: Die Lärche sollte das ganze Jahr über eine gleichmäßige Ballenfeuchtigkeit haben. Sie verträgt aber auch einzelne Tage mit geringer Bodenfeuchte. Natürlich sollten auch hier die Ballen niemals ganz austrocknen. Staunässe ist zu vermeiden.

DÜNGEN: Der Dünger sollte nicht allzu stickstoffreich sein, da die Nadeln sonst zu lang werden und das Längenwachstum zu üppig ausfällt. Mit dem Düngen wird begonnen, wenn die Nadeln des Erstaustriebs sattgrün sind. Mitte August endet die Düngeperiode.

UMTOPFEN: Alle zwei bis fünf Jahre wird mit einem Wurzelschnitt im zeitigen Frühjahr umgetopft. Eine Erdmischung aus Akadama und Humus 2:1 verwenden. Auf eine gute Dränageschicht achten.

SCHNEIDEN: Kurz vor dem Austrieb werden überlange Triebe auf ein bis zwei Knospen zurückgeschnitten. Triebspitzenknospen entwickeln Langtriebe, während Knospen im Verzweigungszentrum eher Kurztriebe bilden. Der Austrieb von Langtrieben wird auf ein bis zwei Knospen zurückgeschnitten, sobald man die Achselknospen bei einigen Nadeln erkennen kann. Durch den Rückschnitt können Kurztriebe angeregt werden, zu Langtrieben auszuwachsen. Auch diese Triebe werden eingekürzt, wenn die Knospen erkennbar sind.

DRAHTEN: Die Formung der leicht bogig abwärts geneigten Astpolster mit Draht kann im zeitigen Frühjahr erfolgen. Vor dem Austrieb besteht noch nicht die Gefahr, dass auch Nadeln mit eingedrahtet werden, die später sonst absterben würden. Bis zum Herbst sind die eingedrahteten Baumteile meist so ausgehärtet, dass der Draht wieder abgenommen werden kann. Auch hier werden Drahtungen, die einzuwachsen beginnen, sofort entfernt.

Die Lärche in Doppelstammform ist gerade mit Hilfe einer umfangreichen Drahtung neu geformt worden.

Wild-Apfel *Malus sylvestris*

Der Wild- oder Holz-Apfel ist eine der bedeutendsten Ausgangsformen für den Kultur-Apfel (*Malus domestica*). Wahrscheinlich begann die Kultur des Apfels in Mitteleuropa bereits in der Jüngeren Steinzeit.

Der Wild-Apfel ist ein kleiner Baum von bis zu 10 m Höhe mit weit abstehenden, aufsteigenden Ästen und oft weit überhängenden Zweigen. Die jungen Zweige sind zunächst hellfilzig behaart und von olivgrüner bis rötlicher Farbe. Die Borke ist graubraun und längsrissig geschuppt und blättert in unregelmäßigen Feldern ab. Nicht blühende Seitentriebe haben an der Spitze häufig Dornen. Dieses Merkmal finden wir beim Kultur-Apfel in der Regel nicht. Die Laubblätter sind eiförmig zugespitzt und 6 bis 9 cm lang. Sie sind im Austrieb dicht behaart, bald aber an der Oberseite verkahlend und glänzend. An der Unterseite bleiben die Haare längs der Blattadern erhalten.

Im April und Mai erscheinen aus jeder Blütenknospe mehrere kleine weiße oder hell- bis dunkelrosafarbene Blüten. Bis September/Oktober bilden sich 3 cm dicke, gelbgrüne, sonnenseits rötlich gefärbte, sauer schmeckende Äpfel. Aus den fünf Fruchtblättern bildet sich das Kerngehäuse, während aus dem Blütenboden das saftige Fruchtfleisch heranwächst.

STANDORT: Vollsonnig bis halbschattig. Im Winter ab –5 °C den Wurzelballen gegen Durchfrieren schützen. Da sich die Blüten frühzeitig im Frühjahr entfalten, muss der Baum gegen Spätfrost geschützt werden.

GIESSEN: Der Apfelbaum liebt einen luftfeuchten Standort und sollte daher gut gewässert und an trockenen Hochsommertagen auch übersprüht werden. Sowohl bei Wassermangel als auch bei Staunässe lässt er die Triebspitzen hängen und wirft Blüten oder Früchte ab.

Profi Tipp von

mein schöner Garten

Will man ganz sichergehen, dass sich aus den Blüten auch Äpfel bilden, kann man mit einem feinen Pinsel den Pollen direkt auf die Narben übertragen.

DÜNGEN: Nach der Blüte bis Mitte August sollte man alle vier Wochen frischen Kugeldünger geben. Anfang September kann noch einmal mit einem Kali-Phosphor-betonten Mineraldünger für eine bessere Winteraushärtung gesorgt werden.

UMTOPFEN: Alle zwei bis drei Jahre wird nach der Blüte mit einem Wurzelschnitt umgetopft, dabei eine Erdmischung aus Akadama und Humus 2:1 verwenden. Auf eine gute Dränageschicht achten. Wichtig ist auch ein alkalischer pH-Wert des Pflanzsubstrats.

SCHNEIDEN: Mit beginnendem Austrieb im Frühjahr werden dickere, die Form störende Äste entfernt. Auf solche größeren Schnittstellen sollte zur besseren Heilung ein Wundverschlussmittel aufgetragen werden.

Die mit der Blüte erscheinenden jungen Triebe lässt man in der Erziehungsphase des Bonsai auf sechs bis acht Blätter heranwachsen und schneidet dann auf zwei bis drei Blätter zurück. Sind Blüten gewünscht, lässt man auf fünf bis sechs Blätter wachsen und zupft dann die Triebspitze heraus. Meist bilden sich nun Blütenknospen tragende Nebentriebe oder es bilden sich in den Blattachseln des Triebs die Blütenknospen. Die Blüten werden meist von Bienen bestäubt. Um dem Baum nicht zu schwächen, lässt man nur wenige Fruchtansätze an dem Bonsai heranreifen. Man sollte bedenken, dass jede Frucht dem Baum Kraft raubt, die er sonst für neues Wachstum verwenden könnte.

DRAHTEN: Einjährige Triebe lassen sich noch gut mit Draht formen. Bei allen dickeren Trieben ist die Drahtbarkeit von deren Elastizität abhängig. Hier kann man auch mit Spanndrähten die Form beeinflussen.

Das Frühjahr ist sicherlich die große Zeit des Apfelbaums. In verschwenderischer Fülle erfreuen uns die Blüten mit ihrer Farbe und ihrem Duft.

Gemeine Fichte *Picea abies*

Die Gemeine Fichte wird auch Rottanne genannt. Sie ist ein 30 bis 50 m hoher Baum mit kegelförmiger Krone und rotbrauner Borke, die sich in dünnen Schuppen ablöst. Die jungen Triebe sind orange- bis rotbraun und dicht von Nadeln besetzt. Die Blätter sind stechend zugespitzt und stehen schraubig angeordnet um den Zweig. Aus den spitz eiförmigen oder kegelförmigen Knospen wachsen die jungen Triebe heran, deren Schuppen im Austrieb teilweise als „Mütze" abfallen. Die Lebensdauer der Nadeln beträgt fünf bis sieben Jahre. Nach dem Abfallen hinterlassen die Blätter Nadelkissen, so dass sich die entnadelten Triebe rau wie eine Feile anfühlen.

Die weiblichen und männlichen Blüten entstehen an den vorjährigen Zweigen im oberen Wipfelbereich. Die männlichen Blüten erscheinen in den Achseln einzelner Blätter, sind nach unten gerichtet und zeigen zunächst eine purpurrote Färbung, die sich aber bald ins Gelbe verändert. Die meist hellroten weiblichen Blüten entstehen an den Spitzen von Trieben. Der Wind übernimmt den Transport des Pollens von einem Baum zum andern.

Bereits am Ende des Jahres sind in den befruchteten Zapfen die geflügelten Samen herangereift. Die Zapfen hängen an den Zweigen nach unten und fallen nach der Samenfreigabe als Ganzes ab.

Man darf die Fichte nicht mit der Tanne verwechseln, da sie unterschiedlichen Gattungen angehören. Während die Zweige der Fichte nach dem Nadelabwurf rau sind, bleiben die Zweige der Tanne glatt. Die Zapfen der Fichte hängen an den Zweigen nach unten, während sie bei der Tanne aufrecht stehen. Auch werfen die Zapfen der Tanne nach der Samenreifung noch am Zweig die Schuppen ab und fallen daher niemals als Ganzes ab. Man findet also am Waldboden keine Tannenzapfen.

STANDORT: Halbschattig bis vollsonnig. Im Winter sollte der Wurzelballen ab –5 °C gegen Durchfrieren geschützt werden. Die Fichte hat zwar eine hohe Frostunempfindlichkeit, mag aber keine Spätfröste während des Austriebs. Um Sonnenbrände zu vermeiden, sollte sie im Sommer in kurzen Zeitabständen gedreht werden.

GIESSEN: Weder Ballentrockenheit noch Staunässe werden gut vertragen. Das Erdreich sollte daher gleichmäßig feucht, aber nicht zu nass gehalten werden.

DÜNGEN: Vom Austriebbeginn bis Ende August wird regelmäßig mit Kugeldünger gedüngt. Bei älteren Fichten-Bonsai können die Düngergaben zur Verkürzung der Nadeln reduziert werden.

UMTOPFEN: Alle zwei bis drei Jahre topft man im zeitigen Frühjahr mit einem Wurzelschnitt um. Danach wird der Bonsai vor Frost und Wind geschützt aufgestellt. Eine Erdmischung aus Akadama und Humus 2:1 verwenden und auf eine gute Dränageschicht achten.

SCHNEIDEN: Im zeitigen Frühjahr können dickere Äste entfernt werden. Zu dicht gewordene, vor allem obere Äste können jetzt auch ausgedünnt werden. Die neuen Triebe werden jeweils um ein bis zwei Drittel eingekürzt, sobald sie etwa 2 bis 3 cm lang sind. Die jungen Triebe im oberen Baumdrittel werden hierbei stärker zurückgenommen als die an den unteren Trieben.

DRAHTEN: Gedrahtet werden kann das ganze Jahr über, wobei das zeitige Frühjahr zu bevorzugen ist. Meist muss ein Ast über mehrere Jahre eingedrahtet werden, bis er die neue Form beibehält.

Falls ein Draht entfernt werden muss, weil er einzuwachsen beginnt, kann der Ast anschließend wieder erneut eingedrahtet werden.

Die natürliche Würde der Fichte wird durch die filigrane Gestaltung der feinen Verzweigung unterstrichen.

Berg-Kiefer *Pinus mugo*

Die Berg-Kiefer wächst sowohl ein- als auch mehrstämmig und bleibt meist sehr niedrig. Unter besonders guten Bedingungen kann sie aber auch ein bis zu 25 m hoher Baum werden. Die Krone ist breit kegelförmig und locker. Die graubraune bis schwarzgraue, längsrissige Borke löst sich in kleinen Schuppen ab. Steife, sichelförmig gebogene, zugespitzte Nadeln entspringen immer zu zweit einer Nadelscheide. Jede Nadel ist zwischen 2 und 8 cm lang und dunkelgrün. Die Lebensdauer der Nadeln liegt zwischen fünf und zehn Jahren.

Die männlichen Blüten sitzen am Grund junger Triebe anstelle von Nadeln, während sich die weiblichen Blüten an den Spitzen junger Triebe befinden. Der Zapfen ist zunächst violett, am Ende des ersten Jahres grün, aber nur wenig vergrößert, und erst im zweiten Jahr auswachsend und braun. Die nun reifen Samen verlassen den Zapfen jedoch erst im Frühjahr des dritten Jahres.

Man unterscheidet heute drei Unterarten. Die Berg-Föhre oder Haken-Kiefer (*Pinus mugo* ssp. *uncinata*) kommt unter anderem in den tieferen Lagen des Schweizer Jura vor und wächst baumförmig mit geradem Stamm in ausgedehnten Reinbeständen. Die Äste bilden hier häufig fast waagerecht abstehende Quirle. In den Vogesen und im Schwarzwald kommt die Moor-Berg-Kiefer (*Pinus mugo* ssp. *rotunda*) vor. Sie bevorzugt ungewöhnlicherweise staunasse, saure Böden an den Rändern von Hochmooren. Häufig vielstämmig wachsend wird sie 8 bis 10 m hoch. Die dritte Unterart ist die Leg-Föhre (*Pinus mugo* ssp. *mugo*) als niederliegender Großstrauch oder kleiner Baum von 4 bis 5 m Höhe. Sie besiedelt die Hochalpen und ist dort das markanteste Gehölz. Wegen der nur kurzen Sommer wird die Leg-Föhre nicht besonders dick, hat dafür aber mit den dicht aneinander liegenden Jahresringen eine enorme Härte. Ältere Äste lassen sich deshalb in der Bonsai-Gestaltung nur sehr schlecht mit Draht in Form bringen.

STANDORT: Vollsonnig, da ein schattigerer Standort zu lange Nadeln erzeugt und die Pflanze schließlich kümmern lässt. Im Winter ab –5 °C den Wurzelballen gegen Durchfrieren schützen.

GIESSEN: Die Erde sollte gleichmäßig feucht, aber nicht zu nass gehalten werden. Staunässe lässt die Wurzelpilze absterben, was den Baum schädigt.

DÜNGEN: Die Bäume sollten mit organischem Kugeldünger versorgt werden. Gedüngt wird von Mitte Mai bis Mitte August.

UMTOPFEN: Alle zwei bis fünf Jahre wird mit einem Wurzelschnitt im zeitigen Frühjahr umgetopft. Dem Pflanzgranulat sollte eine Hand voll Wurzelpilz von der alten Erde beigemischt werden. Eine Erdmischung aus Akadama und Humus 2:1 verwenden und auf eine gute Dränageschicht achten.

SCHNEIDEN: Für ein dichtes Laubpolster mit kurzen Nadeln werden die kerzenartigen Triebe entweder stark eingekürzt oder sogar ganz entfernt. Nach etwa vier Wochen bilden sich an der Schnittfläche neue Knospen, die noch im gleichen Jahr mit kürzeren Nadeln austreiben.

Dickere Äste können im zeitigen Frühjahr zurückgeschnitten werden.

DRAHTEN: Die Berg-Kiefer kann das ganze Jahr über mit Draht geformt werden. Stark borkige Baumteile sollten vor dem Drahten eingesprüht werden, damit die Borke nicht zu schnell einreißt. Die Triebspitzen werden so gedrahtet, dass sie leicht nach oben zeigen.

Wie bereits erwähnt, können ältere Äste der Leg-Föhre nur selten mit Hilfe von Draht in der Form verändert werden. Hier sollte mit Hilfe von Spanndrähten nach und nach die Form beeinflusst werden.

Aus einer im Gebirge gefundenen Berg-Kiefer lassen sich häufig sehr aussagekräftige Bonsai gestalten. Die entrindeten Bereiche wirken ganz natürlich.

Wald-Kiefer *Pinus sylvestris*

Die Wald-Kiefer bildet zunächst eine locker kegelförmige Krone, die später abgeflacht und schirmförmig wird. Der Stamm und die Äste haben im oberen Stammbereich eine orangefarbene Spiegelrinde, die papierdünn abblättert. Im unteren Stammbereich ist es eine dickere, längsfurchige, grau- bis rotbraune Plattenborke. Auf den Ästen bilden sich durch viele kurze Triebe dichte Nadelpolster aus. Die Wald-Kiefer gehört zu den zweinadeligen Kiefern. Die Nadeln sind meist deutlich in sich gedreht. Die männlichen Blüten entwickeln sich an der Basis junger Triebe. Die weiblichen Blüten erscheinen an der Spitze junger Triebe. Wie bei allen Kiefern fallen die Samen erst im dritten Frühjahr nach der Blüte. Die geflügelten Samen werden vom Wind verbreitet.

Für den Bonsai-Freund besonders interessant sind einige Varietäten, die häufig nur regional begrenzt vorkommen, aber manchmal auch in Baumschulen oder Gartencentern angeboten werden: Die Schottische Wald-Kiefer (*Pinus sylvestris* var. *scotica*) zeichnet sich durch eine schlanke Krone und höchstens 3,5 cm lange Nadeln und Zapfen aus. Noch kürzere Nadeln hat die Engadiner Wald-Kiefer (*Pinus sylvestris* var. *engadinensis*). Die Nadeln werden nur 2,5 bis 3 cm lang und verbleiben sieben bis acht Jahre lebensfähig. Kurzlebig hingegen sind die nur 2,5 cm kurzen Nadeln der Moor-Wald-Kiefer (*Pinus sylvestris* var. *turfosa*). Sie besiedelt unter anderem Kiefern-Heide-Moore von Nordwestdeutschland.

STANDORT: Vollsonnig, da ein schattigerer Standort zu lange Nadeln erzeugt und die Pflanze schließlich kümmern lässt. Um Frosttrocknis zu vermeiden, sollte der Wurzelballen vor dem Durchfrieren geschützt werden.

Profi Tipp von mein schöner Garten

Da das Holz der Wald-Kiefer auf Grund des hohen Harzanteils recht langlebig ist, können die verschiedenen Entrindungstechniken der Bonsai-Gestaltung gut angewendet werden. Besonders hervorgehoben durch eine zusätzliche Konservierung der entrindeten Baumteile mit einem Bonsai-Bleichmittel erlangen ältere Bonsai eine stärkere Aussagekraft.

GIESSEN: Die Erde sollte gleichmäßig feucht gehalten werden. Staunässe lässt die Wurzelpilze absterben, was den Baum schädigt. Während des Austriebs im Frühjahr sparsamer gießen, damit die Nadeln nicht zu lang werden.

DÜNGEN: Gedüngt wird mit organischem Kugeldünger von Mitte Mai bis Mitte August.

UMTOPFEN: Alle zwei bis fünf Jahre wird mit einem Wurzelschnitt im zeitigen Frühjahr umgetopft. Dem Pflanzgranulat sollte eine Hand voll Wurzelpilz von der alten Erde beigemischt werden. Eine Erdmischung aus Akadama und Humus 2:1 verwenden und auf eine gute Dränageschicht achten.

SCHNEIDEN: Der Austrieb im Frühjahr sieht ähnlich aus wie bei der Berg-Kiefer. Bei der Wald-Kiefer werden aber zunächst nur die Kerzen entfernt, die bis Anfang Juni etwa 3 bis 4 cm lang geworden sind. An den Schnittflächen entwickeln sich neue Knospen, die ihrerseits mit kürzeren Nadeln austreiben. Sobald die Neutriebe zu verholzen beginnen, werden sie gemeinsam mit den vorher nicht entfernten Trieben um ein Drittel eingekürzt. Die sich hier bildenden Knospen treiben im nächsten Frühjahr aus.

DRAHTEN: Die Drahtung der Wald-Kiefer erfolgt wie bei der Berg-Kiefer, wobei auch hier bis in die feinste Verzweigung hinein gedrahtet wird. Da das Holz meist recht elastisch ist, können auch dickere Triebe mit etwas Vorsicht gut gedrahtet werden. Müssen allerdings sehr dicke Baumteile gedrahtet und dann stark gebogen werden, wird die Rinde am besten durch Baststreifen geschützt.

Nicht immer lassen sich die Möglichkeiten, die in einem in der Natur gefundenen Baum stecken, so gut nutzen wie bei dieser alten Wald-Kiefer.

Schwarz-Pappel *Populus nigra*

In Auenwäldern der großen Flussniederungen kommt die Schwarz-Pappel zusammen mit Weiden und anderen Pappelarten vor. Sie ist ein breitkroniger, schnellwüchsiger Baum mit dicker, tiefrissiger, längs gestreifter Borke. Die schwarze Farbe der Borke führte zu der Namensgebung „*nigra*".

Junge Zweige sind glänzend gelbbraun und haben knotige Verdickungen in unregelmäßigen Abständen. Die daran befindlichen Knospen sind länglich oval, zugespitzt und klebrig.

Die Laubblätter sind rautenförmig bis dreieckig, 5 bis 8 cm lang und ebenso breit, oberseits glänzend dunkelgrün und mit einem relativ langen Blattstiel. Durch den langen Stiel bewegen sich die Blätter bereits bei der geringsten Windbewegung. Zusätzlich kann die Pappel mit Hilfe des langen Stiels bei großer Mittagshitze die Blätter umdrehen, so dass die hellere Blattunterseite zur Sonne gerichtet ist.

Die kätzchenförmigen Blüten erscheinen im März/April. Es gibt weibliche und männliche Bäume. Blühende weibliche Kätzchen sind zur Reife gestreckt. Männliche Kätzchen hingegen sind schlaff hängend mit purpurroten Staubbeuteln.

Eine Varietät der Schwarz-Pappel ist die Pyramiden-Pappel ('Italica'), von der bei uns zunächst nur Stecklinge eines männlichen Baums aus der Lombardei angebaut wurden, weshalb bei uns die meisten Pyramiden-Pappeln männlich sind.

STANDORT: Vollsonnig, lediglich im Hochsommer bei praller Sonne sollte man leicht schattieren, da sonst die Erde zu schnell austrocknet. Im Winter muss der Wurzelballen vor dem Durchfrieren geschützt werden. Auch ist jetzt ein Schutz gegen trockene, eisige Winde erforderlich.

GIESSEN: Der Wasserbedarf der Pappel ist sehr hoch. Teilweise muss zweimal täglich gewässert werden, um die notwendige gleichmäßige Erdfeuchtigkeit zu gewährleisten. Kurze Staunässe wird meist gut überstanden, Ballentrockenheit hingegen nicht.

DÜNGEN: Der Nährstoffbedarf ist recht hoch. Von Mitte Mai bis Mitte August wird der Bonsai alle vier Wochen mit organischem Kugeldünger versorgt. Noch vorhandene Düngereste werden vor allem im August entfernt, um ein Austreiben im Winter zu vermeiden.

UMTOPFEN: Alle zwei Jahre sollte man im zeitigen Frühjahr oder im Herbst mit einem kräftigen Wurzelschnitt umtopfen und dabei eine Erdmischung aus Akadama und Humus 2:1 verwenden.

SCHNEIDEN: Vom späten Frühjahr bis kurz vor dem Austrieb können dickere Äste entfernt werden. Eine sofortige Versorgung der Wunden mit einem Wundverschlussmittel ist wichtig, da das weiche Holz recht schnell von Holz zerstörenden Pilzen befallen wird. Das Entfernen von dickeren Ästen im Sommer oder Herbst kann zum Absterben ganzer Astpartien führen, weil durch die großen Wunden ein hoher Wasserverlust auftreten kann. Während der ganzen Wachstumszeit werden die neuen Triebe bei sechs bis acht Blättern auf zwei bis drei Blätter zurückgeschnitten. Ein Blattschnitt ist im Juni möglich. Der danach erfolgende Neuaustrieb führt meist zu kleineren Blättern mit kürzeren Blattstielen.

DRAHTEN: Vom Spätherbst bis zum späten Frühjahr können alle Baumteile gedrahtet werden. Da der Draht sehr leicht einwächst, muss der Baum aufmerksam beobachtet werden. Sobald der Draht einzudrücken beginnt, muss er unbedingt entfernt werden. Vor allem im Frühsommer kann es zu einem starken Schub an Dickenwachstum kommen, wodurch der Draht besonders schnell einzuwachsen droht.

Nur selten findet man eine so natürlich gestaltete Schwarz-Pappel als Bonsai. Ganz selbstverständlich entwickeln sich die Äste aus dem Stamm.

Holz-Birne *Pyrus pyraster*

Die Holz-Birne gilt als ein Stammvater unserer Kultur-Birnen. Schon Homer berichtete bereits um das Jahr 1 000 v. Chr. von der Züchtung. Die römischen Philosophen Plinius und Cato schreiben, dass das Pfropfen von Birnen im Römischen Reich weit verbreitet war.
Die Wildform kommt verstreut in allen Regionen Mitteleuropas vor, ist aber bisher bedauerlicherweise nur selten zum Bonsai gestaltet worden.
Die Holz-Birne kann bis zu 20 m hoch werden. Die Borke ist grau und klein-schuppig gefeldert. Junge Zweige tragen meist Dornen und sind olivgrün bis graubraun und glatt. Die Blätter sind relativ klein, am Blattstiel abgerundet, am Ende zugespitzt und im Austrieb beidseitig behaart und fein gesägt.
Die Blüten erscheinen im April/Mai am Ende belaubter Kurztriebe. Sie bilden dann drei- bis neunblütige Doldentrauben mit oft rötlich auslaufenden weißen Kronblättern. Bis zum September haben sich aus dem Blütenbecher die kleinen, meist kugeligen Früchte gebildet. Im Gegensatz zu den Früchten der Zuchtbirnen ist die Holz-Birne nur 1,5 bis 3,5 cm lang und ebenso breit. Vom Apfel unterscheidet sich die Frucht durch die reichlich in das Fruchtfleisch eingelagerten Steinzellennester. Die Frucht der Holz-Birne ist nur wenig schmackhaft.

STANDORT: Vollsonniger bis halbschattiger, luftiger Standort. Im Winter sollte der Wurzelballen gegen Durchfrieren geschützt werden. Nach einem milden Winter müssen frühzeitig erscheinende Blüten gegen Spätfröste geschützt werden.

GIESSEN: Eine gleichmäßige Bodenfeuchtigkeit bietet die günstigsten Wachstumsbedingungen, wobei aber kurzzeitige Trockenheit auch vertragen wird. Staunässe und völlige Ballentrockenheit sind zu vermeiden, sie werden mit Laub- und Fruchtabwurf beantwortet.

DÜNGEN: Wie alle fruchtenden Arten hat auch die Holz-Birne einen relativ hohen Nährstoffbedarf. Nach der Blüte bis Ende August wird regelmäßig organischer Kugeldünger gereicht. Nach etwa vier Wochen werden die ausgelaugten Düngekugeln abgesammelt und an anderer Stelle neu aufgelegt. Im Winter nicht düngen!

UMTOPFEN: Alle zwei bis fünf Jahre sollte mit einem Wurzelschnitt im späteren Frühjahr oder nach der Blüte umgetopft werden. Eine Erdmischung aus Akadama und Humus 2:1 verwenden und beim Eintopfen auf eine gute Dränageschicht achten, damit keine Staunässe entstehen kann!

SCHNEIDEN: Im zeitigen Frühjahr wird die Form des Baums überarbeitet. Alle überlangen Triebe werden eingekürzt, zu dichte Astpartien ausgedünnt und trockene Triebe herausgeschnitten. Nach der Blüte bis Mitte Juni können dickere Äste entfernt werden. Bei guter Wundversorgung schließen sich die Wunden relativ schnell. Der späte Termin für die Entfernung dicker Triebe bietet sich wegen der größeren Vitalität des Baums in der Hauptwachstumszeit und der damit verbundenen schnelleren Wundverheilung an. Junge Triebe lässt man auf acht bis zehn Blätter wachsen und schneidet dann auf zwei bis drei Blätter zurück. Die Folgetriebe werden bereits bei fünf bis sechs Blättern auf zwei Blätter eingekürzt.

DRAHTEN: Da das Holz der Holz-Birne verhältnismäßig langsam wächst und daher auch sehr hart ist, kann man mehr als dreijährige Triebe meist nicht mehr gefahrlos drahten. Hier sollte man auf Spanndrähte für die Formkorrektur ausweichen. Jüngere Baumbereiche können gedrahtet werden, sobald sie auszuhärten beginnen. Der Draht kann dann problemlos vom Frühjahr bis zum Herbst angelegt bleiben.

Eine besonders eindruckvolle Erscheinung hat diese alte Holz-Birne. Der dicke Stamm trägt eine ausgewogen gestaltete Krone mit vielen Blüten.

Stiel-Eiche *Quercus robur*

Eichen haben in unserer Kulturgeschichte einen besonderen Platz, waren sie doch dem germanischen Donnergott Donar zugeordnet. Bis ins späte Mittelalter wurde unter besonders mächtigen Eichen, den Feme-Eichen, zu Gericht gesessen. All dies ist verständlich, wird die bei uns heimische Stiel-Eiche in der freien Natur doch ein mehr als 800 Jahre alter, mächtiger Baum mit breiter Krone. Die dicke, netzartig längsrissige, tief gefurchte, dunkelgraue Borke unterstreicht dabei den mächtigen Eindruck einer alten Eiche.

Junge Zweige sind riefig gefurcht, graugrün bis graubraun, mit kleinen Korkwarzen. Die großen Endknospen sind dicht von mehreren Nebenknospen umgeben. Die Laubblätter sind ledrig dunkelgrün und haben an beiden Seiten fünf bis sechs rundliche Buchten mit zur Spitze gerichteten Lappen. Die Stiel-Eiche hat im Gegensatz zur ebenfalls bei uns heimischen Trauben-Eiche (*Quercus petraea*) einen sehr kurzen Blattstiel und dafür einen langen Fruchtstiel, der ihr den Namen gab.

Aus den unscheinbaren, getrennt geschlechtlichen Blüten entwickeln sich bis zum September/Oktober die im unteren Drittel von einem Fruchtbecher umgebenen Eicheln.

Es erscheint widersinnig, dass ein so mächtiger Baum mit einem ausgesprochen dauerhaften Holz während seines ganzen Labens von einer Vielzahl ungebetener Gäste heimgesucht wird. Da ist zum einen der Echte Mehltau (Pilz), der als gefährlicher Parasit vor allem junge Blätter befällt. Dann gibt es eine Reihe auf Eichen spezialisierter Gallwespenarten, die ihre Eier in die Knospen oder die Blätter injizieren. Die daraus schlüpfenden Larven regen den Baum an, Neubildungen wachsen zu lassen, von deren Gewebe sie sich ernähren. Die Galläpfel seien hier als Beispiel genannt. Und schließlich können die Raupen des Eichenwicklers in kurzer Zeit einen ganzen Baum kahl fressen.

STANDORT: Vollsonnig, da an schattigen, feuchten Standorten die Blätter schnell von Mehltau befallen werden. Im Winter muss der Wurzelballen vor dem Durchfrieren geschützt werden, da er sehr empfindlich auf Frost reagiert.

GIESSEN: Sorgen Sie das ganze Jahr über für einen gleichmäßig feuchten, aber nicht zu nassen Wurzelballen. Die Blätter sollten vor allem im Hochsommer nicht feucht werden, da sich sonst leicht Mehltau bildet.

DÜNGEN: Große Düngermengen führen zu großen Blättern. Man gibt daher nur sparsam organischen Kugeldünger von Mai bis Mitte August. Im Winter nicht düngen!

UMTOPFEN: Alle zwei bis drei Jahre wird mit einem Wurzelschnitt im zeitigen Frühjahr oder im Herbst umgetopft, wobei auf jeden Fall eine eventuell vorhandene Pfahlwurzel entfernt werden muss. Eine Erdmischung aus Akadama und Humus 4:1 verwenden!

SCHNEIDEN: Dickere Äste können im zeitigen Frühjahr entfernt werden. Wichtig ist, dass die Wunden gut mit einem Wundverschlussmittel abgedeckt werden. Junge Triebe lässt man bis auf sechs bis acht Blätter durchtreiben und kürzt sie dann auf zwei bis drei Blätter ein. Ein Blattschnitt ist alle zwei bis drei Jahre Ende Juni möglich. Grundsätzlich sollte ein Laubschnitt nicht jährlich durchgeführt werden, da er die Bäume nur unnötig schwächt.

DRAHTEN: Nach dem Laubfall im Herbst können alle Baumteile gedrahtet werden. Normalerweise sollte der Draht zwei Jahre an dem betreffenden Baumteil verbleiben. Sollte der Draht sich vorher eindrücken, wird er entfernt und der Baumteil wird erneut eingedrahtet.

Die einzelnen Stämme dieser Eiche entwickeln sich, wie es für einen Mehrfachstamm typisch ist, aus einem gemeinsamen Wurzelbereich.

Silber-Weide *Salix alba*

Charakterbäume einiger Gebiete innerhalb Deutschlands sind die Kopf-Weiden. Diese landschaftsprägenden Bäume sind durch einen alle zwei bis drei Jahre stattfindenden Rückschnitt zur Gewinnung von Ruten für die Korbflechterei entstanden. Im Laufe der Jahre erhielten die Bäume ihr typisches Aussehen. Häufig diente die Silber-Weide, *Salix alba*, diesem Geschäft.
Die Silber-Weide ist ein ausladend-breitkroniger Baum mit grauer, tiefrissiger, breitrippiger Borke. Junge Triebe sind sehr biegsam und glänzend gelbbraun. Typisch sind auch die braunen über den ganzen Zweig verteilten Korkwarzen.
Die Laubblätter sind schmal-lanzettlich, mit kleinen Drüsen besetzt und am Rand gesägt. Auf der Oberseite sind sie grau- bis dunkelgrün. Die Blattunterseite ist graublau und silbrig behaart.
Die Silber-Weide gehört zu den zweihäusigen Pflanzen. Die Blüten sind entsprechend auf männliche und weibliche Bäume verteilt. Die männlichen Kätzchen stehen aufrecht und tragen gelbe Staubbeutel. Die weiblichen Kätzchen stehen gebogen aufrecht und tragen grünliche Fruchtknoten.
Die Silber-Weide bildet mit anderen Weidenarten häufig Bastarde. Entsprechend findet man in der freien Natur recht selten die reinrassige Silber-Weide. Ein besonders schöner Abkömmling der Silber-Weide ist die Trauer-Weide (*Salix alba* 'Tristis') mit den weit überhängenden gelblichen Zweigen.

STANDORT: Vollsonnig. Im Hochsommer ist an heißen Tagen ein schattigerer Standort hilfreich, da der Wurzelballen nicht trocken werden sollte. Im Winter muss der Ballen vor dem Durchfrieren geschützt werden.

GIESSEN: Weiden lieben als Bewohner der sogenannten Weichholzaue einen Boden mit gleichmäßiger Feuchtigkeit, sodass im Hochsommer vielleicht sogar zweimal täglich gegossen werden muss.

DÜNGEN: Von Mitte Mai bis Ende August wird regelmäßig organischer Kugeldünger auf den Boden gelegt. Bis zum Herbst werden die Düngekugeln alle vier bis sechs Wochen gegen neue Kugeln ausgetauscht. Im Herbst sollten noch vorhandene Düngerreste entfernt werden. Im Winter nicht düngen!

UMTOPFEN: Da das Wurzelwachstum recht stark sein kann, sollte in jedem Frühjahr der Wurzelballen kontrolliert werden. Ist der Wurzelraum vollständig ausgefüllt, wird umgetopft. Bei älteren Bäumen reicht es dann meist, wenn alle ein bis zwei Jahre mit einem kräftigen Wurzelschnitt im zeitigen Frühjahr oder kurz vor dem Austrieb umgetopft wird. Eine Erdmischung aus Akadama und Humus 2:1 verwenden!

SCHNEIDEN: Entfernt man im zeitigen Frühjahr dickere Äste, werden die Wunden gut mit einem Wundverschlussmittel abgedeckt. Da die Weide zu den Weichhölzern gehört, entsteht hier sonst eine Eintrittsstelle für Holz zerstörende Organismen. Im Hochsommer heilen größere Schnittwunden meist schneller.
Den Austrieb lässt man auf acht bis zehn Blätter heranwachsen und kürzt die Triebe dann auf zwei bis drei Blätter ein.
Bei der Gestaltung einer Kopf-Weide schneidet man den Stamm auf etwa die Hälfte der gewünschten Endhöhe zurück. Die aus den verheilten Wundrändern wachsenden Triebe lässt man auf zehn bis zwölf Blätter heranwachsen und schneidet dann auf drei bis vier Blätter zurück. Alle vier bis fünf Jahre werden alle Äste am Ansatz entfernt. Nach und nach entsteht so der typische „Kopf" durch das Wundgewebe.

DRAHTEN: Wegen der guten Biegsamkeit kann man Weiden leicht mit Draht in der Form verändern. Gedrahtet wird im zeitigen Frühjahr. Achtung, der Draht wächst recht schnell ein.

Ein typisches Merkmal der Silber-Weide sind die häufig weit überhängenden Äste und Zweige. Wegen des schnellen Wuchses müssen die Triebe immer wieder mit Draht in ihrer Form korrigiert werden.

Gemeine Eibe *Taxus baccata*

Die Eibengewächse unterscheiden sich von allen anderen Nadelgehölzen durch das Fehlen von Harzkanälen und die schildförmigen Staubblätter.
Die Eibe wird selten bis zu 18 m hoch und hat im Alter eine gerundete, eiförmige oder sogar kugelige Krone. Im Freistand ist die Gemeine Eibe meist bis zum Grund beastet. Häufig wächst sie mehrstämmig, wobei durch Verwachsung der Stämme zu einem Stamm ein interessant geformter Komplexstamm entsteht.
Die Borke ist dünn, grau- oder rotbraun und löst sich in dünnen, großen Schuppen ab. Die Äste stehen fast waagerecht ab und sind reich verzweigt. Junge Triebe hängen meist etwas über.
Die Nadelblätter sind schraubig drehend und gescheitelt um den Zweig angeordnet, stechend, abgeflacht und biegsam-ledrig. Die Blätter haben eine Lebensdauer von drei bis acht Jahren.
Die Geschlechter sind auf verschiedene Bäume verteilt. Aus den befruchteten, unscheinbaren weiblichen Blüten entwickeln sich bläulich braune Samen, die von einem scharlachroten Samenmantel umgeben sind. Wichtig ist, dass alle Teile des Baums, bis auf den roten Samenmantel, stark giftig sind. Bereits der Verzehr von 50 bis 100 g Blattmasse reicht aus, um einen Menschen zu töten. Legt man bei einem Bonsai Totholzbereiche (Jin, Shari, Sabamiki) an, sollte man darauf achten, dass man das Holzmehl nicht einatmet. Das eingeatmete Holzmehl kann bereits Übelkeit hervorrufen.

STANDORT: Vollsonnig, an heißen Hochsommertagen ist jedoch ein schattigerer Standort hilfreich, da der Wasserbedarf sonst sehr hoch ist. Im Winter müssen der Wurzelballen vor dem Durchfrieren und die oberirdischen Baumteile vor Wind geschützt werden.

GIESSEN: Der tägliche Wasserbedarf der Eibe ist recht hoch. Regelmäßig muss eine gleichmäßige Ballenfeuchtigkeit sichergestellt sein. Vor allem Ballenttrockenheit, aber auch Staunässe, bedeuten schnell den Verlust des ganzen Baums.

DÜNGEN: Vom Austriebbeginn bis Mitte August sollten Sie die Eibe regelmäßig mit organischem Dünger versorgen. Alle vier bis sechs Wochen werden die ausgelaugten Düngekugeln durch neue ersetzt. Im Herbst werden dann die letzten Reste der Düngekugeln entfernt. Im Winter nicht düngen!

UMTOPFEN: Alle ein bis zwei Jahre wird im späteren Frühjahr oder kurz vor dem Austrieb mit einem Wurzelschnitt umgetopft. Eine Erdmischung aus Akadama und Humus 3:1 verwenden!

SCHNEIDEN: Eiben wachsen relativ langsam, vertragen aber auch einen stärkeren Rückschnitt sehr gut, da sie auch an altem Holz willig neu austreiben. Entfernt man dickere Äste, ist mit dem Austrieb junger Triebe in diesem Bereich zu rechnen. Je frühzeitiger die hier neu wachsenden Triebe entfernt werden, um so kleiner sind die entstehenden Wunden. Die Wunden nach dem Entfernen älterer Äste wachsen selbst bei guter Wundversorgung nur langsam zu.
Junge Triebe, die senkrecht nach oben wachsen, werden an einem gestalteten Bonsai sofort entfernt, stark eingekürzt oder in die Waagerechte gedrahtet. Waagerecht wachsende Triebe schneidet man bei 6 bis 8 cm Länge um zwei Drittel zurück.

DRAHTEN: Alle Baumteile sind ganzjährig drahtbar. Der Draht muss recht lange am Baum verbleiben, da sich die korrigierten Äste und Zweige erst nach ein bis zwei Vegetationsperioden in der neuen Stellung stabilisiert haben.
Bewegen sich die entdrahteten Triebe wieder in die alte Stellung zurück, muss neu gedrahtet werden. Die weitere Gestaltung kann danach allein durch den Rückschnitt erfolgen.

Die Eibe ist eine der Baumarten, die ein sehr hohes Alter erreichen können. Dennoch bleibt ihr Stamm häufig verhältnismäßig schlank.

Winter-Linde *Tilia cordata*

In zahlreichen deutschen Regionen findet man Linden als Alleebäume oder im Ortsmittelpunkt. Viele Linden wurden auch zu Ehren von Dichtern und Denkern angepflanzt. So ist die Zahl an Luther- und Goethe-Linden in Deutschland groß. Im süddeutschen Raum findet man in vielen Gemeinden die besonders gestalteten Tanz-Linden, unter denen vor allem zur Blütezeit auch heute noch Volksfeste abgehalten werden.

Der große Baum bildet mit seinen kräftigen Ästen und der sehr feinen Verzweigung eine dichte und ausladende Krone aus. Altere Stämme haben eine längs gefurchte, dicht gerippte, schwärzlich-graue Borke.

Die grünen bis rötlichen Schuppen der Endknospen bilden zu der grauen Borke im Winter einen schönen Kontrast. Die relativ kleinen, schief herzförmigen, gleichmäßig gesägten, hell- bis mittelgrünen Blätter laufen in eine feine Spitze aus. Über diese Spitze laufen die Regentropfen vom Blatt ab.

Die zwittrigen Blüten im Juni/Juli entwickeln zunächst die männlichen und dann die weiblichen Geschlechtsorgane. So verhindert der Baum eine Eigenbestäubung. Bis September entwickeln sich behaarte, dünnschalige, einsamige Nüsschen mit einem 8 bis 10 cm langen Flügel. Mit Hilfe des trockenen Flügelblatts können die Samen recht weit von der Mutterpflanze entfernt verbreitet werden. Die einzelnen Blütenstände bestehen aus vier bis zehn sehr stark aromatisch duftenden Blüten. Die Linden gehören zu den wenigen Laubbäumen, deren Blüten erscheinen, wenn sich das Laub vollständig entwickelt hat.

Profi Tipp von mein schöner Garten

Da die Linden recht empfindlich auf die Belastung durch den Kraftfahrzeugverkehr reagieren, ist die Pflege eines Linden-Bonsai mitten in der Stadt häufig schwierig. Regelmäßiges Überbrausen der Blätter kann hier hilfreich sein.

STANDORT: Vollsonnig bis halbschattig. Im Winter müssen ab –5 °C der Wurzelballen vor dem Durchfrieren und die oberirdischen Baumteile vor trockenem, kaltem Wind geschützt werden.

GIESSEN: Wann immer möglich, sollte mit sauberem Regenwasser gegossen werden, da die Linden auf höhere Salzkonzentrationen mit dem Braunwerden der Blätter reagieren. Staunässe und Ballentrockenheit sind zu vermeiden.

DÜNGEN: Vom Austrieb bis Anfang August düngt man mit organischem Kugeldünger. Im August unterstützt eine kalibetonte, stickstoffarme Düngung eine bessere Frostaushärtung. Im Winter nicht düngen!

UMTOPFEN: Alle zwei bis drei Jahre im späteren Frühjahr oder kurz vor dem Austrieb wird mit einem Wurzelschnitt umgetopft. Eine Erdmischung aus Akadama und Humus 3:2 verwenden!

SCHNEIDEN: Linden neigen zu Stockausschlägen im Bereich des Wurzelhalses. Solche Triebe sollten bereits im Entstehen entfernt werden. Dickere Äste können während des Austriebs oder im Hochsommer entfernt werden, die Wunden sollten allerdings gut mit einem Wundverschlussmittel versorgt werden. Junge Triebe lässt man auf sechs bis acht Blätter heranwachsen und schneidet dann auf zwei bis drei Blätter zurück. Schon nach wenigen Wochen erfolgt nach jedem Rückschnitt ein erneuter Austrieb, der ebenso behandelt wird.

Zur Blattverkleinerung kann bei sehr gesunden Bäumen auch nach der Laubaushärtung ein Blattschnitt durchgeführt werden.

DRAHTEN: Linden sollten sehr vorsichtig gedrahtet werden. Man kann kurz vor dem Austrieb alle Baumteile gut mit Draht formen. Vor allem im Hochsommer wächst der Draht schnell ein und muss dann entfernt werden.

Die Winter-Linde bildet in freiem Stand häufig eine weit ausladende Krone aus. Bei diesem Bonsai ist der kräftige Stamm besonders gut gelungen.

Feld-Ulme *Ulmus carpinifolia*

Lange Zeit war die Feld-Ulme ein wichtiges Feldgehölz unserer Kulturlandschaft, wo sie als sogenannte Lichtholzart ansehnliche Exemplare hervorbrachte. Durch die Anfang des 20. Jahrhunderts auftretende Ulmenkrankheit wurden die Bestände jedoch innerhalb kürzester Zeit fast vollständig vernichtet. In gut sortierten Baumschulen kann man aber immer noch Exemplare erstehen und zur Bonsai-Gestaltung verwenden.

Die Feld-Ulme ist ein häufig reich verzweigter, bis 40 m hoher Baum mit gefelderter, längsrissiger, grauer bis graubrauner, dicker Borke. Jüngere Bäume haben eine rotbraun glänzende Rinde, die erst später längsrissig und graubraun wird. Junge Zweige tragen häufig verdickte Knoten und helle Korkwarzen.

Die Blätter der Feld-Ulme sind sehr variabel in Form und Größe, wobei man die arttypischen, am Blattstiel asymmetrischen Blätter im Kronenbereich beziehungsweise in den blühenden Baumregionen findet. Sie sind oberseits dunkelgrün, auf der Blattunterseite heller und mit bräunlichen Achselbärten versehen. Die Blüten erscheinen vor den Blättern und bilden dann Stände aus 15 bis 30 Blüten. Am auffälligsten sind dabei die rötlich braunen Staubbeutel. Die breit eiförmige bis rundliche Nussfrucht ist ringsum geflügelt und reift im Mai/Juni heran.

Für alle Ulmen ist typisch, dass sie sich in der Natur durch Wurzelsprosse ungeschlechtlich vermehren können und sich dadurch stark ausbreiten können. Beim Sammeln in der Natur kann sich so manch ein potenzieller Bonsai-Kandidat als Irrtum erweisen, da er noch mit der Mutterpflanze fest verbunden ist.

STANDORT: Vollsonnig, da die Feld-Ulme zu den Lichtbäumen gehört. Der Wurzelballen sollte ab –5 °C gegen Durchfrieren geschützt werden. Nur bei zu erwartenden strengeren Frösten sollte man die oberirdischen Teile zusätzlich mit einem Foliengestell abdecken oder in ein geschütztes Winterquartier bringen.

GIESSEN: Im Prinzip ist eine gleichmäßige Bodenfeuchtigkeit anzustreben, wobei eine kurzzeitige Trockenheit aber auch nicht übel genommen wird. Staunässe und völlige Ballentrockenheit sind allerdings auf jeden Fall zu vermeiden.

DÜNGEN: Der Nährstoffbedarf ist relativ hoch. Vom Austrieb bis Mitte August sollte der Bonsai regelmäßig mit organischem Kugeldünger versorgt werden. Alle vier Wochen werden die ausgelaugten Düngekugelreste entfernt und durch neue Düngekugeln ersetzt. Zur besseren Aushärtung für den Winter kann Ende August eine kalibetonte Düngung angeschlossen werden. Im Winter nicht düngen!

UMTOPFEN: Alle zwei Jahre wird mit einem Wurzelschnitt im späteren Frühjahr oder kurz vor dem Austrieb umgetopft. Eine Erdmischung aus Akadama und Humus 2:1 verwenden!

SCHNEIDEN: Dickere Äste werden im Frühjahr vor dem Austrieb entfernt, anschließend werden die Wunden gut versorgt.

Alternativ können dickere Äste auch im Hochsommer entfernt werden. In dieser Zeit ist die Wachstumsaktivität sehr hoch und die Wunden heilen schnell zu. Junge Triebe lässt man auf zehn bis zwölf Blätter heranwachsen und schneidet dann auf zwei bis drei Blätter zurück. Der Folgeaustrieb wird bereits bei sechs bis acht Blättern eingekürzt.

DRAHTEN: Durch einwachsenden Draht entstandene Narben sind häufig noch viele Jahre zu sehen. Deshalb sollten eingedrahtete Baumteile immer gut beobachtet werden und der Draht sollte bei den ersten Anzeichen für ein Einwachsen entfernt werden. Ansonsten lassen sich Bäume, deren Äste bereits die richtige Stellung haben, allein durch den Schnitt gut formen.

Die Feld-Ulme gehört zu den elegantesten Bäumen unserer Region. Über einem kräftigen Stamm erhebt sich eine reich verzweigte Krone.

Pflegekalender

Die hier angegebenen Tipps können von Region zu Region zeitlich etwas variieren.

Januar

Allgemein: An klaren, sonnigen Frosttagen dürfen die Bäume nicht in der prallen Sonne stehen, da es sonst zu Gewebespannungen und damit zu Rissen in der Rinde kommt.
Wichtig: Während des ganzen Winters muss darauf geachtet werden, dass ein eventueller Überwinterungsschutz bei Sonneneinstrahlung geöffnet wird, da sich der Innenraum sonst zu stark aufheizen kann.
Gießen: Alle Bäume ohne Überwinterungsschutz werden nur an frostfreien Tagen bei Bedarf gegossen. Bäume mit Überwinterungsschutz werden gleichmäßig feucht gehalten. Hier darauf achten, dass die Temperaturen bei frostigen Umgebungstemperaturen unter dem Folienschutz nicht über +10 °C ansteigen!

Februar

Umtopfen: Gesunde, winterharte Bäume mit weißen Wurzelspitzen können umgetopft werden. Danach vor allem den Wurzelballen vor Frost schützen.
Gießen: Umgetopfte Bäume ständig feucht, aber nicht zu nass halten. Alle anderen Bäume erwachen durch die längeren Tage langsam aus dem Winterschlaf und brauchen einen ständig feuchten Boden.
Schneiden: Dickere Äste und abgestorbene Triebe können entfernt werden. Für eine gute Wundversorgung sorgen!
Drahten: Sobald die Äste biegsamer werden, können sie eingedrahtet werden. Auf keinen Fall bei Frost drahten! Im eingefrorenen Zustand sind die Triebe spröde und können leicht brechen.

März

Allgemein: Schädlingsbefall kontrollieren, bei Bedarf einen Fachmann aufsuchen.
Umtopfen: Laubbäume, deren Knospen gerade anzuschwellen beginnen, können umgetopft werden. Blühende Arten werden erst nach der Blütezeit umgetopft. Ebenso können Nadelbäume jetzt umgetopft werden.
Schneiden: Mit dem Anschwellen der Knospen können wir erkennen, welche Triebe noch leben. Tote Triebe werden herausgeschnitten. Lebende Triebe schneiden wir auf Knospen mit der erwünschten Wuchsrichtung zu.
Drahten: Bei schwellenden Knospen muss sehr vorsichtig gedrahtet werden, da diese schnell abbrechen.

April

Allgemein: Bereits ausgetriebene Bäume vor Nachtfrösten schützen!
Umtopfen: Fichten und Wacholder können noch umgetopft werden.
Schneiden: Laubbäume in Form schneiden, Nadelbäume nicht mehr; warten, bis die Kerzen sich strecken, dann die im Porträtteil beschriebenen Formerhaltungsarbeiten durchführen.
Drahten: Nadelbäume können noch gedrahtet werden, Laubbäume nicht mehr.

Mai

Allgemein: Täglich auf Schädlingsbefall achten. Bei Bedarf Fachmann aufsuchen.
Gießen: Täglich die Bodenfeuchte überprüfen und bei Bedarf gießen.
Düngen: Alle ausgetriebenen Bäume können gedüngt werden, frisch umgetopfte noch nicht.
Schneiden: Bei vielen Laubbäumen kann bereits der erste Rückschnitt erforderlich sein (siehe Porträtteil). Bei Kiefern jetzt schon die ersten Kerzen einkürzen.

Juni

Gießen: Meist muss täglich gegossen werden. Vor allem an sonnigen Tagen kann auch mehrmaliges Gießen erforderlich sein.

Düngen: Ist jetzt besonders wichtig, da sich die Bäume in der Wachstumsphase befinden.

Schneiden: Spätestens jetzt müssen Kiefernkerzen der Art entsprechend beschnitten werden.

Bei sehr gesunden Laubbäumen mit ausgehärtetem Laub kann ein Blattschnitt durchgeführt werden.

Drahten: Die neuen Triebe können nun gedrahtet werden, wenn sie bereits verholzt sind. Dabei darauf achten, dass Blätter und Nadeln nicht mit eingedrahtet werden!

Juli

Gießen: Bei hohen Temperaturen eventuell mehrfach am Tag gießen.

Düngen: Weiterhin gut düngen. Nach längerem Regen eine Extraportion Dünger geben.

Schneiden: Schnittwunden heilen besonders schnell ab. Entsprechend können auch größere Schnittmaßnahmen gut durchgeführt werden. Müssen dickere Äste entfernt werden, heilen die Wunden besonders schnell zu. Stark wachsende Laubbäume werden regelmäßig zurückgeschnitten.

Drahten: Kontrolle! Sollte der Draht schon in die Rinde einzudrücken beginnen, muss zum Teil jetzt schon entdrahtet werden!

August

Gießen: Der Wasserbedarf ist weiterhin hoch und es muss teilweise mehrmals täglich gegossen werden.

Düngen: Bei den meisten Bäumen bis zum Ende des Monats mit dem Düngen aufhören. Eventuell mit einem Kali-Phosphor-Dünger düngen. Das ist besonders für blühende und fruchtende Arten wichtig, damit sie im nächsten Jahr gut blühen.

Schneiden: Keine größeren Schnittmaßnahmen mehr durchführen, da sonst die Bäume noch einmal stark austreiben können. Solche Bäume können sich nicht ausreichend auf den Winterfrost vorbereiten.

Drahten: Jeden Tag müssen nun eingedrahtete Bäume kontrolliert werden. Sobald der Draht in die Rinde einzuschneiden beginnt, muss entdrahtet werden. Bis zum Frühjahr wird nicht neu eingedrahtet.

September

Allgemein: Die fruchtenden Baumarten, wie Wild-Apfel und Wild-Birne, haben nun reife Früchte.

Gießen: Der Jahreszeit entsprechend ist der Wasserbedarf der Bäume geringer geworden.

Düngen: Bis zum nächsten Frühjahr nicht mehr düngen!

Schnitt: Die Bäume bereiten sich langsam auf den Winter vor. Es sollten keine starken Schnittmaßnahmen mehr durchgeführt werden.

Oktober

Allgemein: Nur an Buchen, Hainbuchen und Eichen verbleiben die braunen Blätter am Baum. An anderen Arten werden alle braunen Blätter entfernt, da sie Brutstätten für Schädlinge sein können. Gleiches gilt für Kiefernnadeln, die braun geworden und herab gefallen sind. Diese Nadeln sollten sorgfältig vom Boden abgesammelt werden. Das eventuell vorgesehene Überwinterungsquartier wird vorbereitet.

November und Dezember

Allgemein: Falls erforderlich, befinden sich die Bäume im Winterquartier. Temperaturen bis –5 °C schaden den Freiland-Bonsai nicht. Erst wenn an mehreren Tagen nacheinander die Bäume eingefroren sind, droht die so genannte Frosttrocknis. Dabei verdampfen die oberirdischen Pflanzenteile weiterhin Wasser, welches von den eingefrorenen Wurzeln nicht nachgeliefert werden kann. In diesem Fall werden die Bäume für kurze Zeit an einen frostfreien, aber kalten (um +5 °C) Ort gestellt, bis sie auftauen, um gegossen werden zu können. Danach kommen sie wieder in ihr Überwinterungsquartier.

Auf keinen Fall dürfen die Bäume aus der Winterruhe in einen geheizten Wohnraum gebracht werden. Die Winterruhe wird dadurch aufgehoben und es drohen nachhaltige Schäden.

Adressen und Bezugsquellen

Bonsai-Club Deutschland e.V.
Geschäftsstelle
c/o Roland Anders
Westerwaldstr. 66
65549 Limburg
Tel.: 0 64 31 / 28 85 88
Fax: 0 64 31 / 28 84 76
E-Mail: geschaeftsstelle@bonsai.org
www.bonsai.org

Roh-Bonsai
Bonsaischule Enger
Feldstr. 21
32130 Enger
Tel.: 0 52 24 / 58 79
Fax: 0 52 24 / 79 03 50
E-Mail: info@bonsaischule.de
www.bonsaischule.de

Handgefertigte Schalen
Peter Krebs
Oststr. 9
35745 Herborn
Tel.: 0 27 72 / 4 24 13

Kosmos-Büchertipps

Kremer: Die Bäume Mitteleuropas. 1998
Mayer/Schwegler: Welcher Baum ist das? 2002
Prescott: Das Bonsai-Handbuch. 2002
Rushforth: Der Kosmos Baumführer. 2001
Stahl: Bonsai – Vom Grundkurs zum Meister. 2001
Stahl/Rüger: Bonsai. 2004
Stahl/Rüger: Bonsai – Gestalten, Pflegen, Porträts. 2005
Stahl/Rüger: Zimmerbonsai. 2006

Register

Die **halbfett** markierten Seitezahlen verweisen auf Abbildungen.

Mit 91 Farbfotos von
Helmut Rüger, Schöneck.

Mit 17 Illustrationen von
Ruth Fritzsche, Offenburg: 11, 12, 13, 14, 24;
Wolfgang Lang, Grafenau-Döffingen: 18 (beide), 20, 21 (alle drei), 22 (beide), 37 (alle vier).

Umschlaggestaltung von Atelier Reichert, Stuttgart, unter Verwendung von zwei Fotos von Helmut Rüger, Schöneck (Hauptbild) und Reinhard Tierfoto/
Hans Reinhard, Heiligkreuzsteinach/Eiterbach (Einklinker).

Bibliografische Informationen der Deutschen Bibliothek
Die Deutsche Bibliothek verzeichnet diese Publikation in der Deutschen Nationalbibliografie; detaillierte bibliografische Daten sind im Internet über http://dnb.ddb.de abrufbar.

Gedruckt auf chlorfrei gebleichtem Papier

1. Auflage

ISBN-13: 3-440-07758-0
ISBN-10: 3-440-07758-6
Redaktion: Carolin Krank
Produktion: DOPPELPUNKT Auch & Grätzbach GbR, Stuttgart
Grundlayout: Dietmar Grashoff, Lahr
Gestaltung: Carolin Krank
Printed in Slovakia/Imprimé en Slovaquie

KOSMOS Postfach 10 60 11
D-70049 Stuttgart
TELEFON +49 (0)711-2191-0
FAX +49 (0)711-2191-422
WEB www.kosmos.de
E-MAIL info@kosmos.de

Faszinierende Kunstwerke

Horst Stahl • Helmut Rüger
Bonsai – Gestalten, Pflegen, Porträts
144 Seiten, ca. 300 Abbildungen
€ 19,95; €/A 20,60; sFr 33,70
ISBN 978-3-440-10062-2

- Die Geschichte der Bonsaikunst, botanische Grundlagen sowie die richtige Gestaltung und Pflege
- Mit großem Porträtteil der schönsten und wichtigsten Arten

Horst Stahl • Helmut Rüger
Zimmerbonsai
96 Seiten, ca. 100 Abbildungen
€ 7,95; €/A 8,20; sFr 14,20
ISBN 978-3-440-10286-2

- Schmuckstücke für die Wohnung – von Bougainvillee bis Ulme
- Alles Wissenswerte: Geeignete Pflanzen, Pflege, Kauf, Grundstilarten und Fachbegriffe

www.kosmos.de

Preisänderung vorbehalten

KOSMOS